打动女性的创意设计：

版式、配色与字体

[日] ingectar-e 著
语言桥 吴巧雪 译

人民邮电出版社
北京

图书在版编目（CIP）数据

打动女性的创意设计 ：版式、配色与字体 /（日）ingectar-e著 ；语言桥，吴巧雪译. -- 北京 ：人民邮电出版社，2023.4
ISBN 978-7-115-60356-2

Ⅰ. ①打… Ⅱ. ①i… ②语… ③吴… Ⅲ. ①版式－设计 Ⅳ. ①TS881

中国国家版本馆CIP数据核字(2023)第015390号

内 容 提 要

在现今的设计中，针对精准用户群体的设计可谓让设计师用心良苦。女性群体是很多产品的目标用户，设计出能够吸引她们注意力的宣传物料，是很多设计师需要考虑的问题。本书汇集了 53 个设计创意，结合具体案例，拆分设计技巧，对比成功案例和失败案例的视觉效果，教大家将灵感转变成能打动女性的设计。此外，本书按照设计风格划分章节，便于读者快速翻阅。

本书适合电商设计师、产品包装设计师、相关业务产品经营及运营人员阅读、参考。

◆ 著　　［日］ingectar-e
译　　语言桥　吴巧雪
责任编辑　王　冉
责任印制　马振武

◆ 人民邮电出版社出版发行　　北京市丰台区成寿寺路 11 号
邮编　100164　　电子邮件　315@ptpress.com.cn
网址　https://www.ptpress.com.cn
北京宝隆世纪印刷有限公司印刷

◆ 开本：889×1194　1/32
印张：7.5　　2023 年 4 月第 1 版
字数：275 千字　　2023 年 4 月北京第 1 次印刷
著作权合同登记号　图字：01-2022-0991 号

定价：79.90 元

读者服务热线：(010)81055410　印装质量热线：(010)81055316
反盗版热线：(010)81055315
广告经营许可证：京东市监广登字 20170147 号

PREFACE
前　言

今时今日，瞄准女性群体的设计层出不穷，到底怎样的设计才能令女性耳目一新、为之驻足呢？

本书汇集了53个设计创意，相信读完后，你一定能从中找到答案。

本书结合具体案例讲解设计技巧，教大家将灵感转变成能打动女性的设计。书中分享的每一个灵感及设计案例都精妙无比，让人禁不住想要模仿学习。此外，本书按照设计风格划分章节，便于读者快速翻阅。

只需掌握技巧，女性风格设计便不在话下。不论是成熟风还是清新风，都能轻松玩转。希望这本书能对从事设计工作的你有所帮助。

COMPOSITION
本书的结构

本书精选9类共53个女性心仪的不同风格设计案例，
每个案例各用4个版面进行简单介绍。

版面
1-2

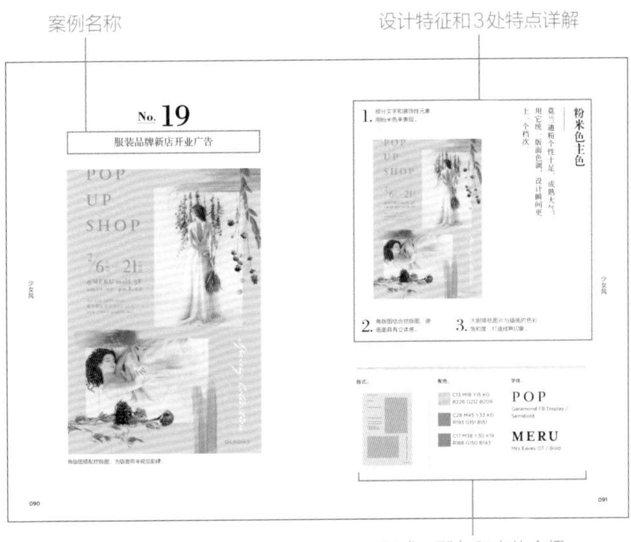

温馨提示

本书中使用的设计案例均为虚构设定。案例中出现的人名、组织名、建筑名、作品名、商品名、服务、活动名称、日程、商品价格、邮编、地址、电话、网址、邮件地址及其他文字、包装、商品设计等，全属虚构，与实际不符，请勿信以为真。

版面
3-4

多种应用方式 | 介绍运用了该技巧的其他设计案例。

案例技巧介绍 | 列举失败案例，分享成功秘诀。

CONTENTS

目录

专栏

032 成熟女子适合莫兰迪色

058 找到令她倾心的粉色

088 字体是表现女性风格的重要设计元素

114 用手写风格文字抓住她的心

140 活用图标，打造利落风格

166 符合成熟女性审美的选图法

192 色调是打动她的关键

218 模糊突显美感

第1章

简约风

No.1 — No.5

011

为色彩做减法

裁切出美感

文字错位排版

文字局部变色

双色背景

第2章

自然风

No.6 — No.11

033

纸质肌理

半透明叠加

活用影子

居中排版

平面摆拍

富有活力的裁切线

第3章

俏皮风

No.12 — No.18

059

粗笔刷风

双色印刷风

漫画分镜排版

亮粉色简笔插画

文字呈弧形排列

图片取色法

空心文字法

第4章

少女风

No.19 — No.24

089

粉米色主色

组图排列法

真人+手绘

活用丝带形状

浅底嵌细纹

手绘肌理

第5章

流行风

No.25 — No.30

115

渐变叠加

黑白图片构图

旋转文字

色带文字

字+线

欧美报纸风

第6章

女性风

No.31 — No.36

141

多图叠压

洒脱手写风格

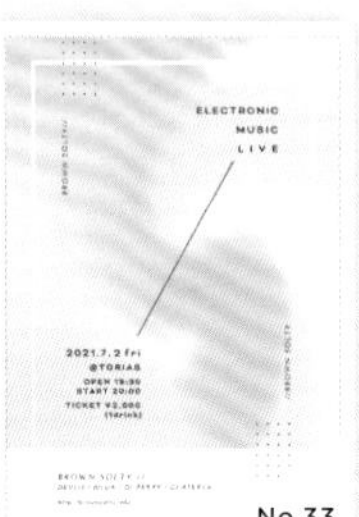

冰激凌色渐变背景

模糊图片

单色系配色统领全篇

细线条画

第7章

现代风

No.37 — No.42

167

方形粗线框

大号数字

圆形的运用

纯文字构图

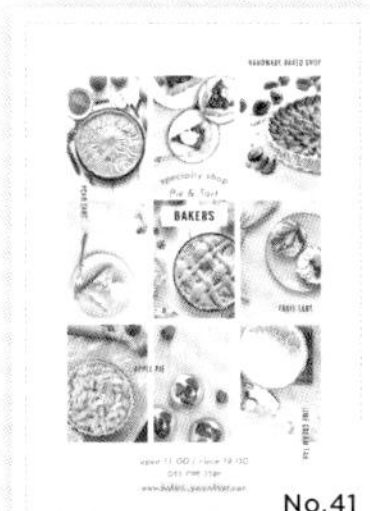

网格排图法

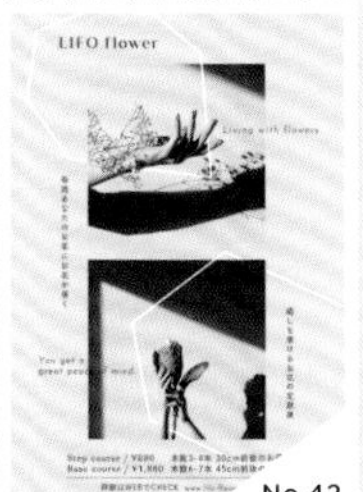

几何图形的运用

第8章

奢华风

No.43 — No.48

193

金色的运用

大理石肌理

留白 × 小字

黑色的运用

细线条的运用

线框的运用

第9章

大胆风

No.49 — No.53

219

图片错位

随图配文

局部遮挡法

三分之二构图法

图片边上叠加文字

第1章

简约风

No.1 — No.5

简化设计，打造时尚脱俗印象。

No. 1

生活方式杂志封面

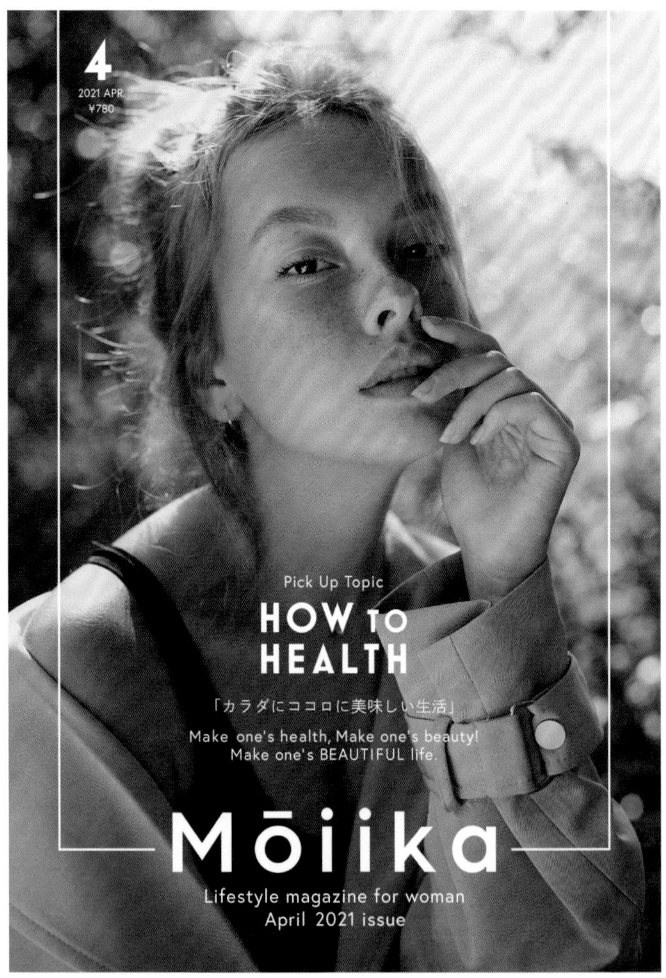

4
2021 APR.
¥780
Pick Up Topic
HOW TO HEALTH
「カラダにココロに美味しい生活」
Make one's health, Make one's beauty!
Make one's BEAUTIFUL life.
Mōiika
Lifestyle magazine for woman
April 2021 issue

低饱和度色彩搭配白色文字，成熟高冷风的标配之一。

为色彩做减法

少用一点色彩，更易得到成熟高冷的视觉效果。

1. 调低图片的色彩饱和度，打造高冷风。

2. 文字均采用简约的无衬线字体。圆润的字形使设计更具柔美感。

3. 统一文字与线条的颜色，让版面变干净。

版式：

配色：

C22 M13 Y29 K0
R208 G212 B187

C38 M45 Y52 K0
R173 G144 B120

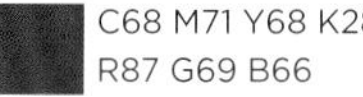

C68 M71 Y68 K28
R87 G69 B66

字体：

Moiika

Arboria / Medium

Lifestyle

Europa-Regular/Regular

失败案例

文字的颜色与图片的整体色调搭配不协调

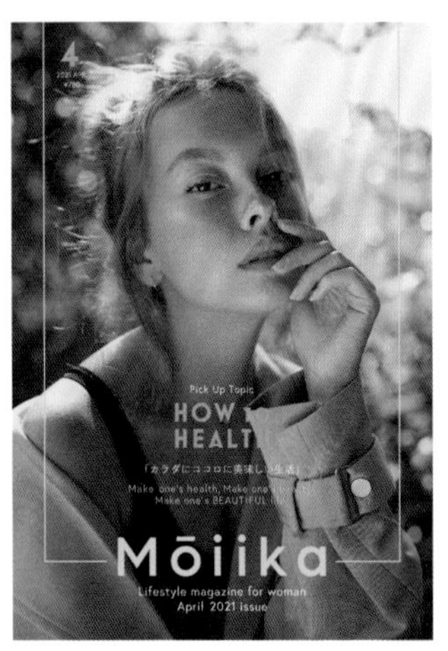

1

2

3

4

1. 色彩种类过多。2. 色彩饱和度太高。3. 文字色彩的识别性低。4. 视觉元素主次不分。

成功案例

干净简洁

1

2

典型案例

设计要点

减少色彩的种类，吸引视线。只用色彩作点缀，不仅不会破坏干净的版面风格，还能为设计增色不少。

1. 利用单色调简化设计。2. 借助点缀色为作品增色。

No. 2

芭蕾发布会海报

MODERN
BALLET
Studio Concert vol.8
Guest Dancers
MONIKA
AMELIA GRETA
2021.9.25 sat
open 17:00
start 17:30
ticket 2,000yen
@UTAKA HALL
東京都港区麻布十番16-89
TEL 032-1723-5574
Ballet Studio LIMEO

以保留人物全身的80%为标准，裁切原图。加大版面的留白占比，为版面带来沉默的紧张感。

裁切出美感

视觉传达效果取决于裁切技巧。

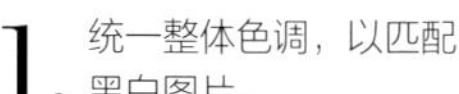

1. 统一整体色调，以匹配黑白图片。

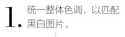

2. 采用无衬线字体，打造优雅感。

3. 大胆裁切人物原图，留下想象空间，紧张感随即产生。

版式：

配色：

C0 M0 Y0 K11
R237 G237 B237

C0 M0 Y0 K41
R179 G179 B179

C0 M0 Y0 K78
R93 G93 B93

字体：

MODERN
Whitman Display / Regular

Concert
Sheila / Regular

失败案例

表现手法不恰当

1

2

3

4

1. 人物过大，观者难以判断海报主题。2. 人物过小，给人留下的印象不深。3. 人物姿势不全，观者难以判断海报主题。4. 人物紧贴边线，美感不足。

成功案例

设计意图表现到位

1

2

典型案例

设计要点

大胆裁切人物原图，突出留下的部分，裁掉的部分则能激发想象力。

1. 通过裁切控制距离感，赋予作品故事性。2. 近景与远景组合，营造出空间感。

No. 3

服装品牌快闪店宣传海报

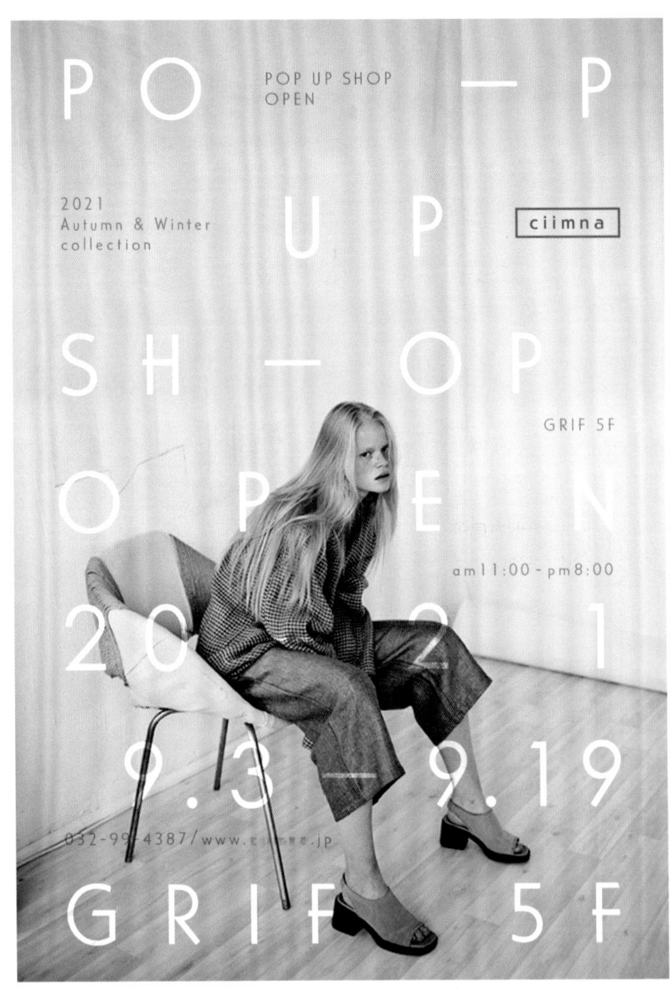

大胆布局文字，形成具有视觉冲击力的图文组合。

简约风

文字错位排版

想要获得简约而不简单的视觉效果？那就大胆将文字作为设计主体试试看吧。

1. 将文字叠加到图片上，完成版面布局。

2. 字母、数字等分散布局于版面，展现时尚感。

3. 在文字之间插入语句，通过字体的大小对比，使版面产生视觉韵律。

版式：

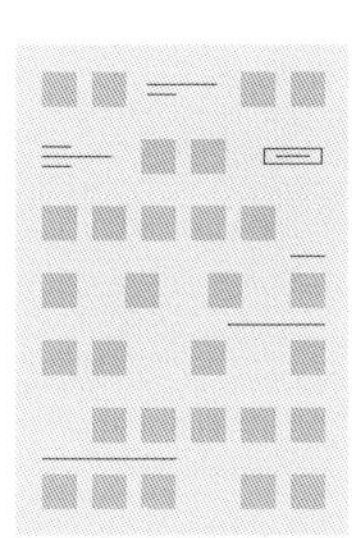

配色：

C51 M24 Y53 K0
R140 G168 B132

C87 M54 Y80 K0
R32 G105 B80

C15 M13 Y11 K0
R223 G220 B221

字体：

POP

Casablanca URW / Light

2021

Century Gothic Pro / Regular

简约风

1

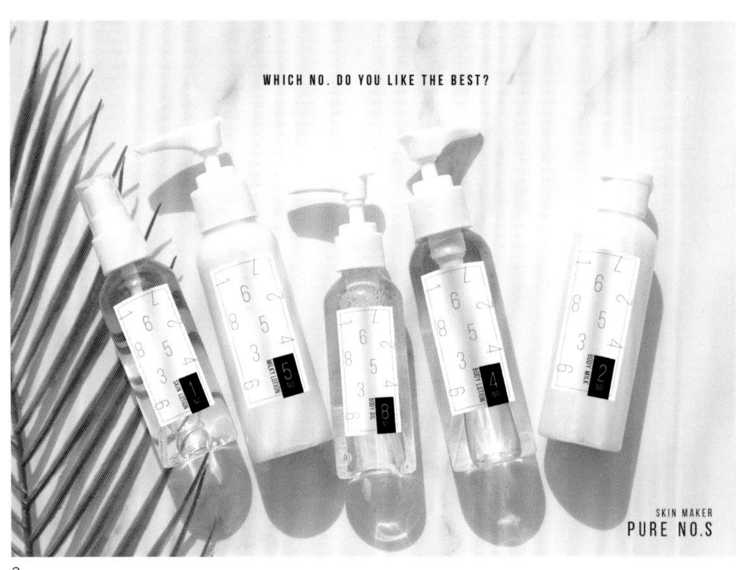

2

1. 旋转文字与线条组合在一起。2. 随性摆放数字，时尚感自然产生。

大胆拆分语句，巧妙布局单字，让版面看起来更透气。

设计要点

别小看文字，将其作为视觉主体，可使设计简约而不失韵味。

No. 4

母亲节促销宣传海报

HAPPY
MOTHER'S
DAY
GIFT FAIR
2021.5.1sat-5.9sun
@MILUKA 1F
am10:00-pm8:00
032-1298-6643

只需对文字局部进行艺术化处理，便能提升设计感。

文字局部变色

普通文字经过简单的艺术化处理，就能不动声色地给人留下深刻的印象。

1. 对文字的局部进行变色、变形处理，成功吸引观者视线。

2. 选用细体字作搭配，使版面在保持优雅感的同时给人留下深刻印象。

3. 双色文字，凸显变化。

版式：

配色：

C0 M50 Y25 K0
R242 G156 B159

C15 M24 Y32 K0
R222 G198 B173

C18 M9 Y13 K10
R217 G224 B221

字体：

HAPPY
Imperial URW / Regular

am10:00
Omnes / ExtraLight

简约风

1

简约风

2

1. 文字的局部与插画的局部同色。2. 文字经过局部变色处理，风格变得更加柔和。

GREEN
DAY
MARKET
2021.7.9 fri - 11 sun
@OMOTEYAMA PARK GARDEN
OPEN 10:00/CLOSE 17:00
STORE LIST
/GROOMINER SHOP
/LISTRANTE GARDEN
/BLOOMARAAAS
/CHIDORISOU-EN
/TENDALESS
/FLOWER SHOP MILTE
/MUCH BETTE GREEN
/SLIMNER
/IICHI-DOU
/GOTOU GREEN PARKS
/MIDORINO RIAL

先用颜色填充封闭的字腔，再进行局部变色，打造视觉焦点。

简约风

设计要点

若想利用文字为作品增色，不妨试试对文字的局部进行变色处理，只需对原有文字进行简单加工，就能使其产生艺术感。

简约风

No. 5

甜品店新品宣传海报

利用斜线分割背景，突出整齐排列的商品。双色的使用，让商品给消费者留下的印象更加鲜明深刻。

双色背景

双色背景能使版面大放异彩。

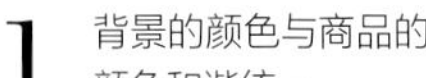

1. 背景的颜色与商品的颜色和谐统一。

2. 降低背景色饱和度，把主角位置留给商品。

3. 粗衬线字体与手写字体搭配，使版面风格不过于活泼。

版式：

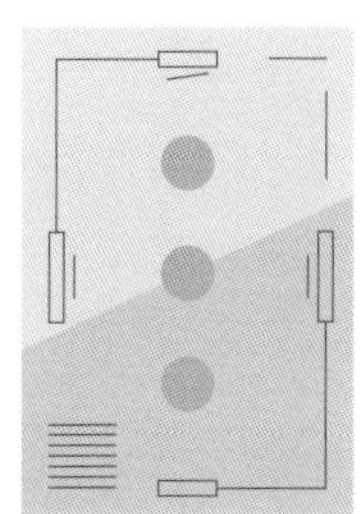

配色：

C4 M6 Y22 K0
R248 G240 B209

C15 M5 Y25 K0
R225 G231 B203

C56 M20 Y93 K0
R129 G166 B58

字体：

NEW
Joanna Nova / Light

limited
Al Fresco / Regular

失败案例

背景配色不当

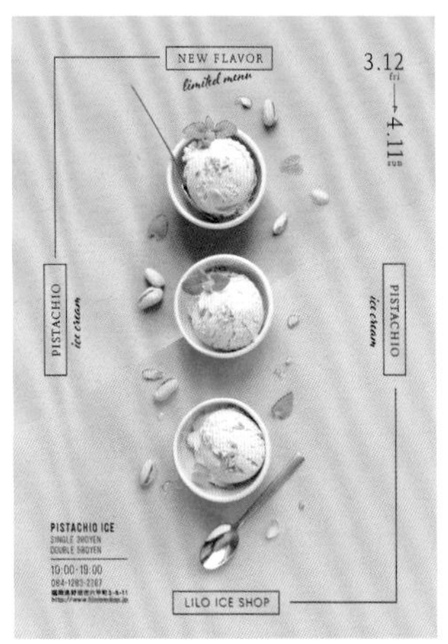

1

2

3

4

1. 色彩饱和度过高。2. 配色太朴素，不够出彩。3. 色彩明暗反差过大，背景格外扎眼。4. 两种色彩为相似色，视觉效果欠佳。

成功案例

文字点亮设计

1

2

设计要点

双色背景可为简约的构图增加一点特色。低饱和度的配色不过于张扬，易产生恰到好处的视觉效果。

1. 纵向分割版面，引导视线自然移动。2. 双色包装设计，足够吸引眼球。

专栏 **01**

成熟女子适合莫兰迪色

莫兰迪色，来源于意大利著名画家乔治·莫兰迪的艺术美学，这一色系中的颜色饱和度低，像是蒙上了一层薄薄的雾，比一般色彩更显柔和，展现出沉稳高雅的设计风格。

01

米白色

纯白过于单调，米白色则能演绎出成熟优雅的高冷格调。米白色搭配米黄色和棕色，给人以柔和的印象。引入黑色作点缀，形成点睛之笔。

02

雾霾蓝

雾霾蓝干净素雅，可与任何色彩搭配，突显高冷前卫气质，彰显十足女人味。与银色搭配时，能带来清秀高雅的视觉感受。

03

烟粉色

甜而不腻、美而不俗，对成熟女性友好的粉色莫过于烟粉色。相较于亮粉色，烟粉色更能烘托出稳重干练的气场。烟粉配淡灰，酝酿出优雅而大气的设计感。

04

灰紫色

灰紫色自带成熟高冷感，能令设计瞬间变得时髦又洋气。它与灰色和金色的契合度也很高，能带来优雅美感。

05

灰绿色

在青草绿中加点灰，便可调和出轻松随性的灰绿色。这种色彩低调却不简单，清新又不失优雅。灰绿色与杏色搭配，散发出自然温柔的气息。

06

米黄色

米黄色百搭好用，给人以淡雅柔和的视觉感受。它优雅中带着几分随性，是成熟可爱女性的代表色之一。

第2章

自然风

No.6 — No.11

运用自然的表现手法，营造自然柔和的氛围。

No. 6

电影宣传海报

在图片上叠加纸质肌理。加入纸张撕裂效果后，真实感倍增。

纸质肌理

纸质肌理能让画面产生一种令人禁不住想伸手触摸的光泽美感。

1. 采用手写字体表现主标题，形成设计亮点。

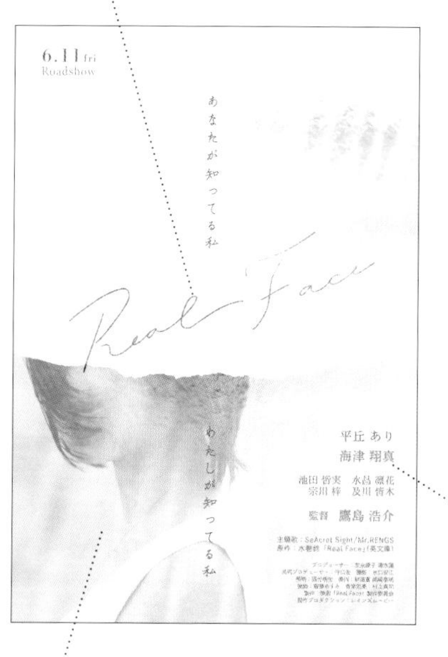

2. 主标题以外的文字均采用宋体，呈现出整齐统一感。

3. 为图片加上纸张光泽和纸质肌理，塑造独特画面格调。

版式：

配色：

C30 M3 Y2 K0
R187 G223 B244

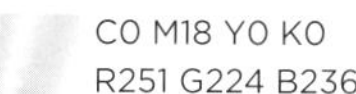

C0 M18 Y0 K0
R251 G224 B236

C0 M0 Y0 K78
R93 G93 B93

字体：

あなたが

TA-楷Regular*

6.11fri

Bodoni URW / Regular

1

LIGHT ART exhibition
2021.4.9 fri - 4.25 sun
@RNO gallery
WHAT ARE YOU FEELING THERE?
ticket 2,500yen
Sponsor
DENTINT group
CHECK THIS SITE

2

3

1. 活版印刷风突显纸质肌理。2. 大胆运用光泽质感，打造现代感。3. 模拟真实纸张质感，带来简单却不乏冲击力的视觉效果。

chikaya teramoto
solo exhibition
PHOTO
ART
"bright world"
2021/10/15 fri - 10/24 sun
10:00-19:00
ticket FREE
@MORInoHEYA AOYAMA
東京都港区青山西12-3-4
tel: 035-8873-1298

为整张图片添加半透明粗纹纸质肌理，以展现独特的画面格调。

设计要点

在画面中加入纸质肌理，可以使观者产生对纸张质感和触感的想象。

No. 7

婚礼体验活动广告

Best wishes for your life together
BRIDAL
FAIR
FAIR SCHEDULE
Lunch 11:00-12:30
Mock Reception
模擬披露宴
13:00-14:30
Mock Bridal Photo
模擬撮影
15:00-16:30
ご予約はお電話またはメールフォームから
お問い合わせくださいませ
EMUZ BRIDAL
大阪市北区梅田新中町1245 梅南百貨店 5F
066-3265-2121

大胆使用放大后的主图作背景。在主图上叠加半透明色块，能打造出干净清新的柔和设计风格。

自然风

半透明叠加

在图片上叠加半透明图形并将其作为文字排版区，这样既不影响图片的美观，又能清晰展现文字信息。

1. 使用大尺寸的图片，加深视觉印象。

2. 利用半透明图形整合文字。

3. 长体字搭配细体字，带来优雅的视觉感受。

自然风

版式：

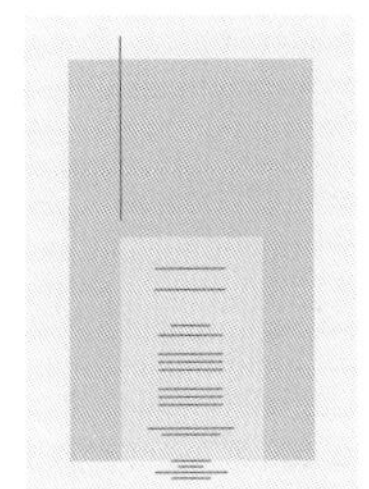

配色：

C14 M22 Y57 K0
R226 G200 B124

C62 M12 Y29 K0
R96 G177 B183

C33 M14 Y39 K0
R184 G200 B166

字体：

Poynter Oldstyle Display / Roman

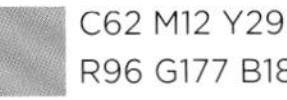

DIN Condensed L / Light

失败案例

图文不协调

1

2

3

4

1. 纯色图形遮挡了图片。2. 图形的颜色与图片的色调搭配不协调。3. 半透明图形的尺寸过大。4. 图形透明度过高，使图形形同虚设。

成功案例

图文设计合理

1

2

典型案例

设计要点

在图片上叠加半透明图形，这种设计手法使图文互不干扰，版面呈现出干净清新感。

1. 在图片上叠加半透明花纹图案，打造独特设计风格。2. 采用与主色相同色系的颜色来表现半透明圆形，使主标题得以强调。

自然风

No. 8

样板房参观活动宣传单

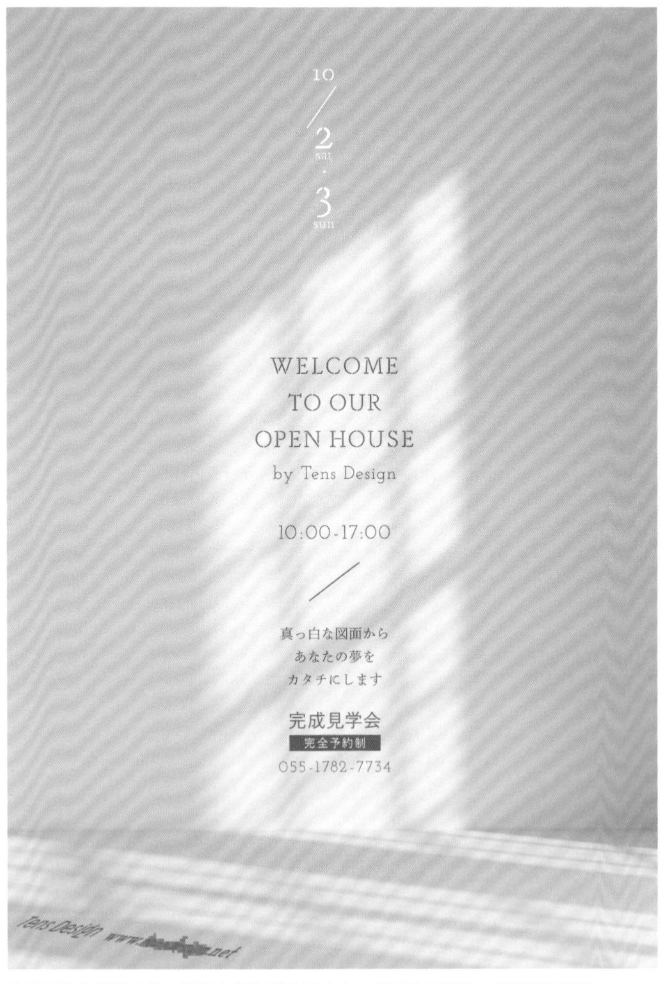

将影子作为视觉主体。沿着空间边线布局文字，既简洁又能给人留下深刻印象。

自然风

活用影子

利用影子为版面带来通透感与清新舒适感。

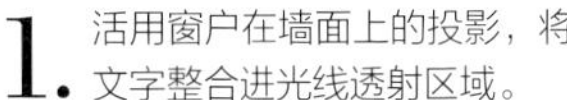

1. 活用窗户在墙面上的投影，将文字整合进光线透射区域。

2. 此处的粗衬线字体令人眼前一亮。

3. 不破坏空间透视感，在不起眼的地方倾斜布局文字。

版式：

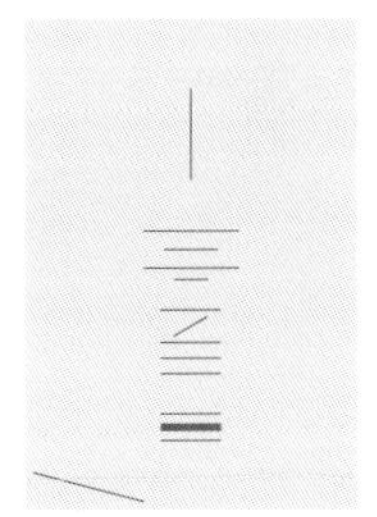

配色：

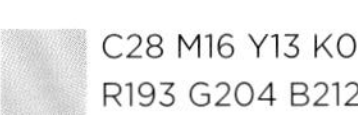

C28 M16 Y13 K0
R193 G204 B212

C74 M48 Y35 K0
R78 G119 B143

C10 M7 Y9 K0
R234 G234 B232

字体：

WELCOME
DapiferStencil / Light

Design
Josefin Slab / Regular

1

自然风

2

1. 刻意让植物的影子投到商品上，营造出清新自然的空间感。
2. 局部使用影子图片，为版面增添柔和氛围。

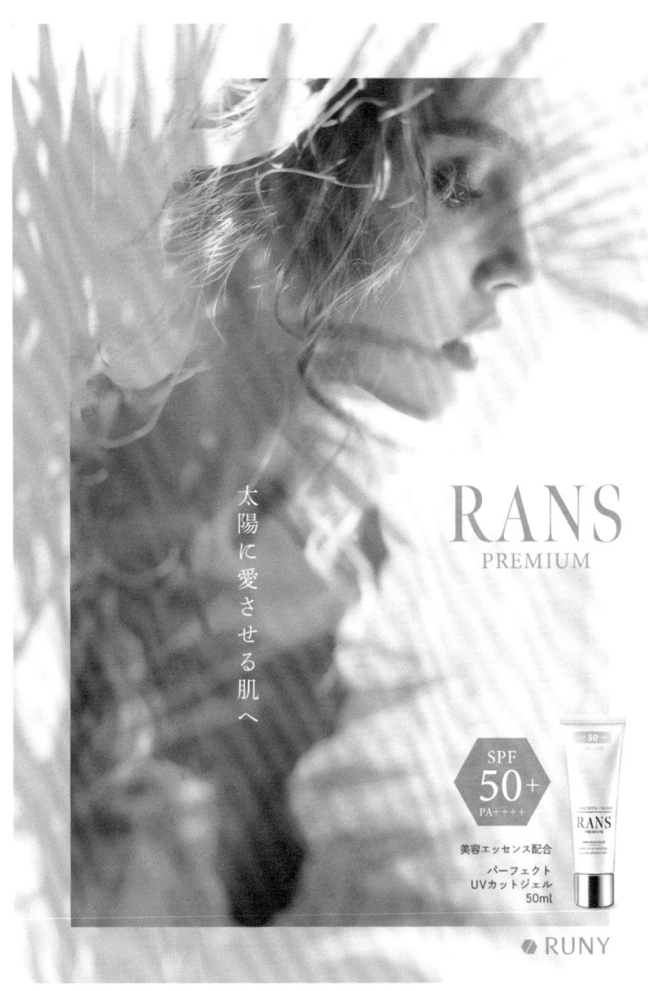

太陽に愛させる肌へ
RANS
PREMIUM
SPF
50+
PA++++
美容エッセンス配合
パーフェクト
UVカットジェル
50ml
RUNY

在角版图上叠加植物影子，加强空间纵深感，给观者留下深刻印象。

设计要点

出人意料地将影子作为视觉元素，突出空间的纵深感，营造自然氛围，给人以柔和而强烈的视觉体验。

No. 9

植物讲座宣传单

将除背景以外的元素集中放置在版面中央，使版面变得干净整洁，便于观者流畅地阅读文字。

居中排版

将文字和视觉主体条理有序地布局在版面中间，版面美观清爽。

1. 手写字体倾斜叠加在衬线字体上，形成设计亮点。

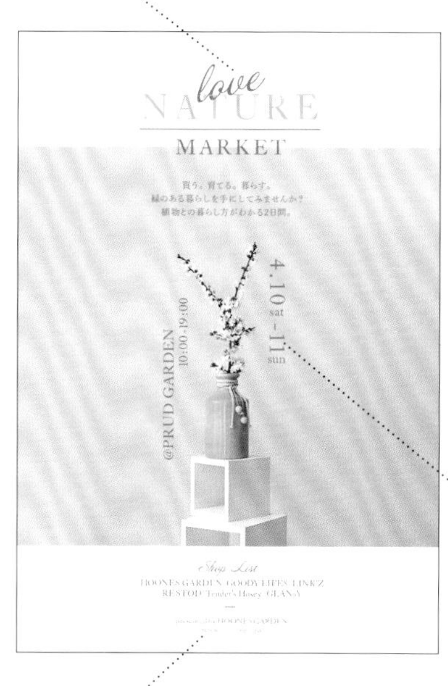

2. 文字采用竖排形式，以搭配纵向版式。

3. 重视版面的整洁感与可读性，将被拍摄对象与文字居中排版。

版式：

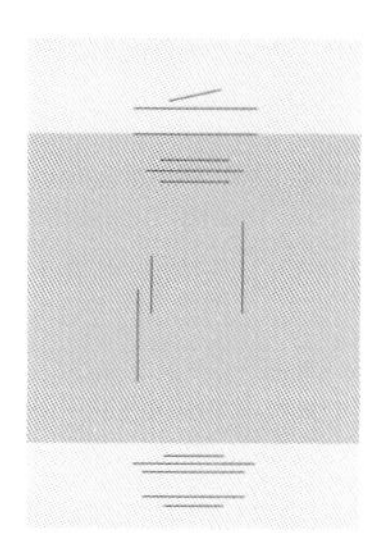

配色：

C0 M28 Y23 K0
R248 G202 B186

C55 M46 Y44 K0
R133 G133 B132

C17 M13 Y13 K0
R218 G218 B217

字体：

NATURE

LTC Caslon Pro / Regular

love

Annabelle JF / Regular

1

2

3

4

自然风

1. 所有元素围绕主图进行布局。2. 文字集中在版面中央，可吸引阅读。
3. 在白色图形中整合全部文字。4. 网格图纵向居中排版。

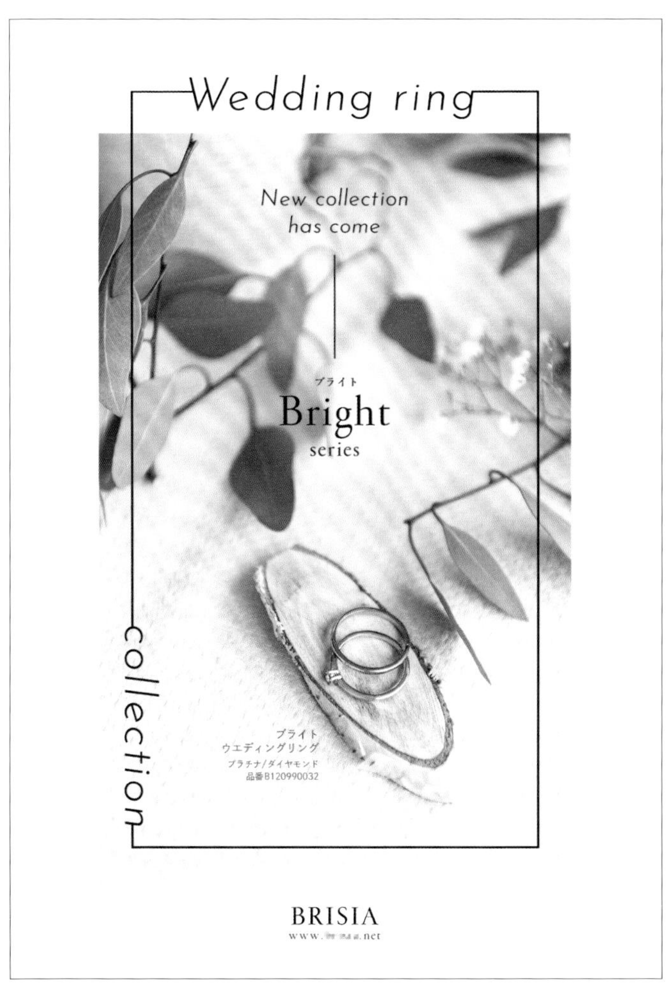

带文字的线框与图片组合起来居中排版，有效地将视线吸引到商品和文字之上。

设计要点

居中排版能构建自然的视觉动线。不论是整体居中还是局部居中，均能实现不错的视觉传达效果。

No. 10

时尚杂志的正文页

MUST ITEM — 2

ELEGANT　プラスのゴールド効果で「可憐」見せ

いつものコーデに華奢なゴールドアイテムをプラスするだけで逆に抜け感が出て
女性らしい柔らかさが。外から見えるアイテムだけでなくデイリーユースなコスメにもゴールドを。
コスメ選びにまでこだわることで内面の輝かしさも加速しそう。

1.フラワーデザインゴールドピアス 24,500円+税/ディアラス　2.ゴールド2連リング 35,000円+税/ソディアレ　3.ピンクゴールドアイシャドウ　10,800円+税/ネリス　4.フローラルラヴァーズパヒューム 15,000円/税 サントラ　5.ゴールドグリッター入ディープレッドネイル 1,200円+税/アテルナ　6.マットディープレッドリップ 2,800円+税/ネリス

NELGIS 112

从正上方角度拍摄取景框中随意摆放的物品，画面显得自然而真实。

平面摆拍

以摆拍平面图为视觉主体，塑造清爽风格。

1. 选用细长形无衬线字体，高雅感跃然纸上。

2. 随性摆放物品，让距离感恰到好处。

3. 从平面图中选取颜色，统一版面整体色调。

版式：

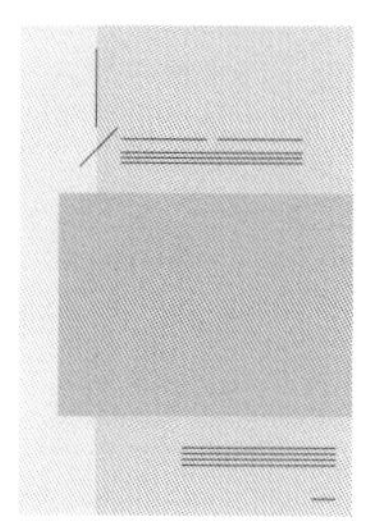

配色：

C3 M16 Y12 K0
R246 G224 B218

C0 M0 Y0 K100
R0 G0 B0

C16 M14 Y12 K0
R220 G217 B218

字体：

ELEGANT
Bebas Neue / Regular

MUST ITEM
Basic Sans / Thin It

验证码：12190

1

自然风

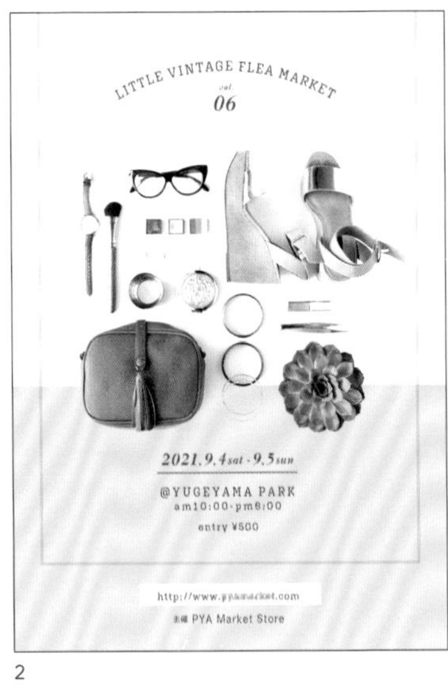

2

3

1. 主体元素单侧并排，营造出视觉冲击力。2. 主体元素居中整齐排列，版面干净整洁。
3. 形状、大小相似的物品斜向整齐排列，构成背景。

GRAND MENU
MORNING
8:00-11:00
ORANGE
¥580
STRAWBERRY
¥680
FIG
¥680
CHERRY
¥680
PEAR
¥680
BANANA
¥580
SALMON
¥780
TOMATO
¥680
OLIVE
¥580
CAMURA
SANDWICH CAFE

俯拍平面单图整齐排列，给人以美观舒适的视觉体验。

设计要点

不同的平面摆拍方式能为排版带来无限可能。随性无序强调自然感，而整齐排列则突出利落感。

No. 11

麦片专卖店广告

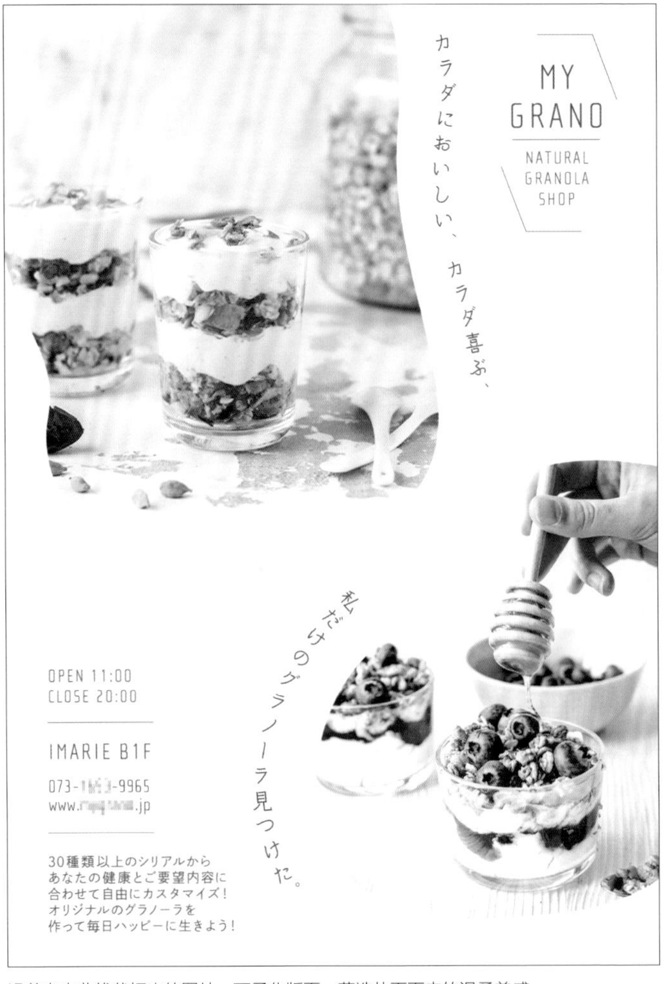

カラダにおいしい、カラダ喜ぶ、
MY GRANO
NATURAL GRANOLA SHOP
私だけのグラノーラ見つけた。
OPEN 11:00
CLOSE 20:00
IMARIE B1F
30種類以上のシリアルから
あなたの健康とご要望内容に
合わせて自由にカスタマイズ！
オリジナルのグラノーラを
作って毎日ハッピーに生きよう！

沿着自由曲线裁切出的图片，可柔化版面，营造扑面而来的温柔美感。

自然风

富有活力的裁切线

花点心思裁切，营造柔和氛围。

1. 沿着自由曲线裁切出的商品图片，释放出温柔气息。

MY
GRANO
NATURAL
GRANOLA
SHOP
カラダにおいしい、カラダ喜ぶ
私だけのグラノーラ見つけた
OPEN 11:00
CLOSE 20:00
IMARIE B1F
30種類以上のシリアルから
あなたの健康とご要望内容に
合わせて自由にカスタマイズ!
オリジナルのグラノーラを
作って毎日ハッピーに生きよう!

2. 文字沿曲线路径排列，尽显灵动美感。

3. 有条理地整合文字，让设计更出彩。

自然风

版式：

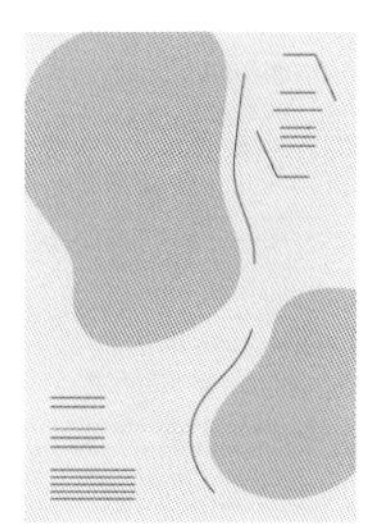

配色：

C9 M7 Y4 K0
R236 G236 B241

C68 M65 Y67 K20
R92 G83 B76

C4 M21 Y38 K0
R244 G211 B164

字体：

GRANO

Cholla Sans OT / Thin

カラダに

TA-ことだまR

失败案例

裁切效果欠佳

1

2

3

4

1. 图片重叠，画面不协调。2. 图片数量过多，令人感到繁杂。3. 圆形过于死板，使画面缺乏动感和亮点。4.图片过大，削弱了曲线带来的视觉冲击力。

成功案例

温柔的气息扑面而来

1

2

自然风

设计要点

这种设计手法能为版面带来动感和独特的氛围。若想将形状运用到极致，留白是关键。

典型案例

1. 在图片上叠加由曲线围成的不规则形状，打造视觉焦点。
2. 文字背景框采用与图片形状相似的多边形，构成统一的格调。

专栏 **02**

找到令她倾心的粉色

听到“粉色”这个词，你脑海中浮现出的是什么样的粉色？

粉色可不止一种，不同色调的粉色给人的感受不一样。

粉色大致可分为两种，一种是冷色系粉，另一种是暖色系粉。

粉色里藏着不少学问，色调和用法都会影响它的视觉效果。读完这篇专栏后，相信你会对粉色有全新的认识。下面就来一起学习粉色的用法吧。

| 冷色系粉 | 这种粉色偏紫，用作点缀时能产生潇洒、时尚的视觉感受，具有较强的视觉冲击力（参阅第72~75页）。如果大面积使用，会造成强烈的视觉刺激，也易让设计显得过于张扬。

大面积使用会显得过于刺眼

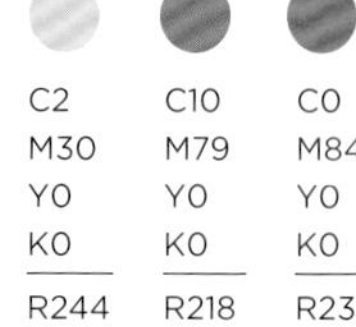

C4	C5	C2	C10	C0
M47	M60	M30	M79	M84
Y0	Y0	Y0	Y0	Y0
K0	K0	K0	K0	K0
R235	R230	R244	R218	R232
G162	G132	G200	G83	G69
B197	B179	B221	B153	B146

▼

| 暖色系粉 | 偏黄的暖色系粉给人以温柔、稳重的感觉，更适用于成熟女性群体。特别是接近米黄的粉色，更显清新脱俗，能为设计增添成熟魅力。

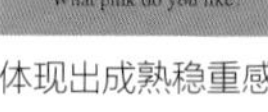

体现出成熟稳重感

C0	C0	C0	C0	C0
M48	M52	M23	M37	M45
Y20	Y17	Y12	Y12	Y23
K22	K0	K14	K4	K5
R206	R241	R227	R240	R232
G137	G152	G194	G181	G163
B145	B168	B192	B190	B167

第3章

俏皮风

No.12 — No.18

在配色和文字上动动脑筋，设计瞬间
变得俏皮又有趣。

No. 12

化妆品新品发售广告

在背景上写下与背景同色系的粗笔刷风格的文字，手法大胆，版面吸引眼球。

俏皮风

粗笔刷风

设计不够吸引人？不妨试试粗笔刷风格的手写字体。

1. 手写文案具有更强的视觉冲击力。

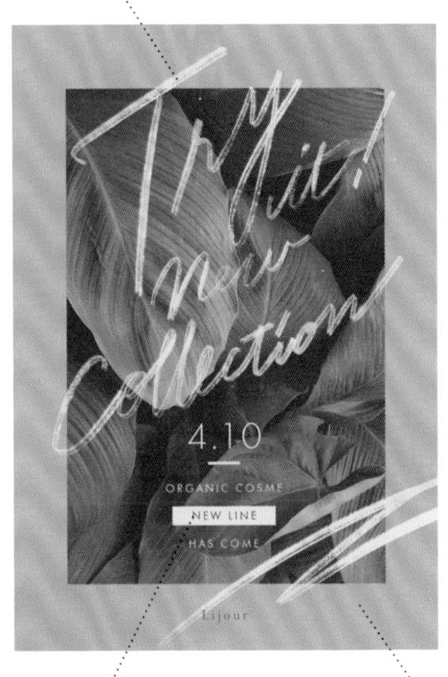

2. 其他文字采用细无衬线字体。

3. 巧用同色系统一色调，突出成熟感。

版式：

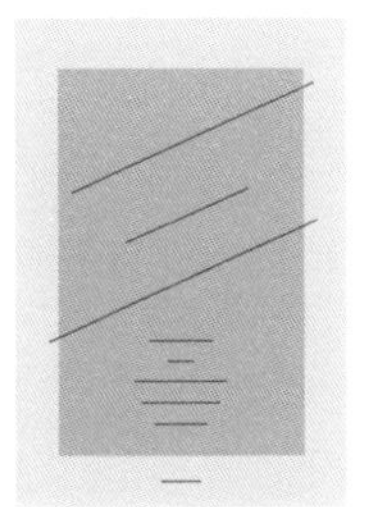

配色：

C42 M27 Y36 K0
R162 G173 B161

C28 M0 Y74 K0
R199 G219 B94

C75 M56 Y87 K19
R74 G93 B58

字体：

ORGANIC
Futura PT / Book

Lijour
GaramondFBDisplay / Regular

1

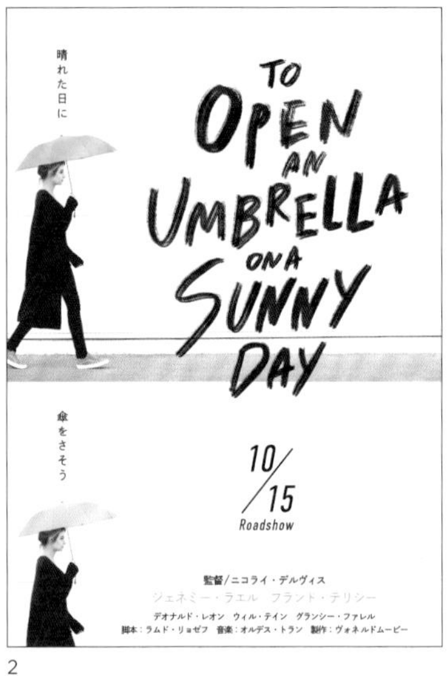

2

3

1. 纤细的白色文字与女性的纤细感相契合。2. 粗犷的马克笔笔触让大人也可以俏皮可爱。3. 将日文与英文用粗糙的笔触表现出来，营造成熟氛围。

用细头马克笔在图片上写字、涂鸦，设计出成熟又好玩的作品。

设计要点

手写风格文字往往是设计的点睛之笔。采用粗笔刷风格表现文字属于高级设计技巧，笔触的粗细变化能为版面带来不同的韵味。

No. 13

服装品牌展览会的邀请函

#07
EXHIBITION
2021 AUTUMN&WINTER
COLLECTION
2021.3.10(WED)
-3.12(FRI)
ALL DAY/10:00-19:00
@PINE TABLES 1F
大阪府佐伯市神宮町276-15
平素は格別のお引き立てを賜り御礼
申し上げます。2021秋冬レディース
アパレル展示会を開催致します。ご多
用のところ恐れ入りますがご来場い
ただけますようご案内申し上げます。
POLICE
BIG MALL
HERE
CONVENIENCE STORE
STATION

将版面所有元素仅用双色表现，运用低饱和度配色营造成熟氛围。

双色印刷风

版面只用到两种色彩的颜色，复古感十足。

俏皮风

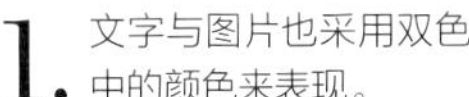

1. 文字与图片也采用双色中的颜色来表现。

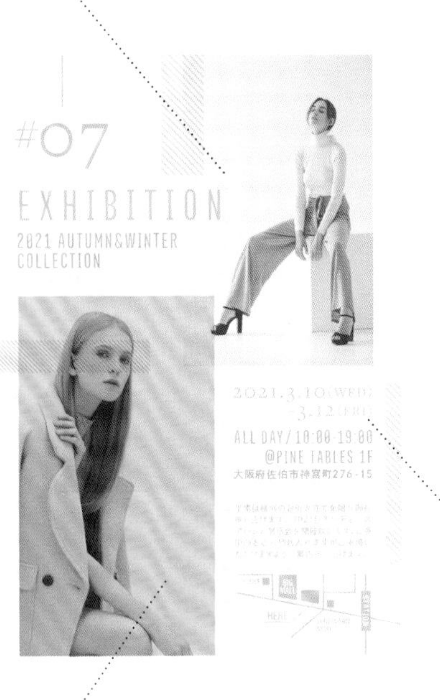

2. 关键文字用衬线字体来表现。

3. 把握好两种色彩在版面中所占的面积比例，使画面色彩平衡。

版式：

配色：

C45 M2 Y25 K0
R149 G207 B200

C2 M30 Y18 K2
R242 G196 B191

C1 M8 Y4 K19
R220 G211 B211

字体：

#07

FreightText Pro / Book

EXHIBITION

Titular / Regular

失败案例

配色不当

1

2

3

4

1. 色彩混杂。2. 两个色系太相似。3. 色彩饱和度过高。4. 两种色彩在版面中所占面积比例差异过大。

成功案例

两个色系使用面积相近，打造复古俏皮风

1

2

俏皮风

设计要点

用双色系统一画面色调，达到自然吸引视线的目的。想让成熟感与可爱感并存？低饱和度配色是首选。

典型案例

1. 只用了两种色彩来表现版面内容。2. 将两种色调的多张图片整齐排列。

No. 14

新款化妆品广告

READY BAUDY
NEW autumn COLLECTION
NUDIEUM series
9.3fri Release
スキン ファンデーション 30g 全5色 各5,900円+税
アイカラー 全5色 各2,500円+税
チーキーチーク全3色 各3,800円+税

为迎合成熟女性群体，边框采用细线绘制，打造优雅设计风格。

俏皮风

漫画分镜排版

为图片加上边框，使版面的整体风格更显轻松。

1. 细边框可使图片看起来更精致。

2. 将文字整合到版面底部，以突出其上方的商品形象。

3. 把商品的主色定为版面的色彩基调。

版式：

配色：

C5 M14 Y16 K0
R243 G226 B213

C24 M44 Y59 K0
R202 G154 B107

字体：

DIN / Condensed Light

NEW

Filosofia OT / Bold

失败案例

受众偏离

1

2

3

4

1. 边框过粗。2. 色彩饱和度过高。3. 排版过于紧凑，导致阅读不畅。4. 排版散乱造成视觉焦点分散。

成功案例

摆脱严肃感

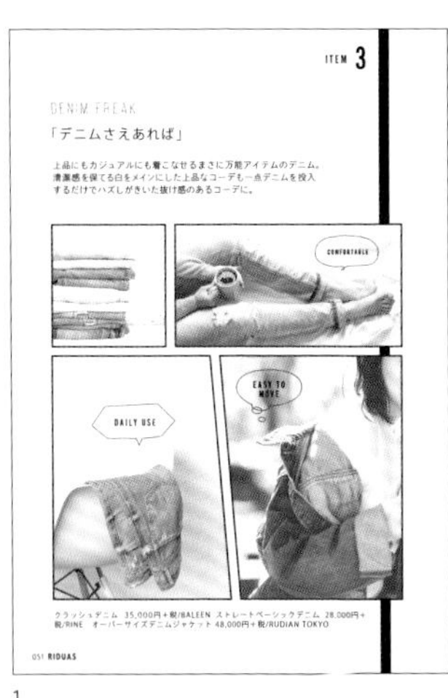

1

2

典型案例

设计要点

当你想在女性风格的设计中加入更多让人感到轻松的元素时，可以借助边框将版面设计成简单的漫画分镜风格。记得选用细边框，这样才能保持整体设计的高雅感。

1. 加入气泡对话框，突显成熟可爱感。2. 采用大格分镜的表现手法来呈现版面，提升视觉感染力。

俏皮风

No. 15

泳衣展示会海报

用白色背景衬托亮粉色简笔插画，突出视觉焦点。

俏皮风

亮粉色简笔插画

亮粉色点亮设计，尽显有趣灵魂。

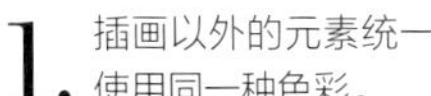

1. 插画以外的元素统一使用同一种色彩。

2. 用细无衬线字体表现文字。

3. 版面只有一个重点。

版式：

配色：

C0 M84 Y13 K0
R232 G71 B134

C34 M27 Y25 K0
R181 G180 B181

字体：

SUMMER

Europa / Light

POP UP

DIN Condensed / Light

1

2

俏皮风

3

4

1. 将卖点广告图案用线条画来表现，时尚感瞬间提升。2. 叠加底纹后，版面尽显怀旧印刷风。3. 随性手绘粉色线条画，更有韵味。4. 以手绘插画作视觉主体，用有限的色彩表现最佳效果。

让手绘插画铺满整个版面也未尝不可。

设计要点

插画难免被人贴上幼稚的标签，别担心，亮粉色来救场。
其强烈的视觉感染力能产生与众不同的成熟潇洒气场。

No. 16

时尚杂志的正文页

RECOMMENDED
COORDINATE

SMOKEY PINK × DENIM

DUSKY
COLOR

01
SMOKEY PINK
「甘くないピンク」

落ち着いたトーンのピンクにデニムを合わせて大人っぽさをキープ。なじませ役にベージュをはさむと程よい抜け感が。

コットンキャミソール 15,000 円+税 /MASON JIP（メイソンジップ）デニムショートパンツ 20,000 円+税 /ANJIT（アンジット）リボンサンダル 18,000 円+税 /ROOMIAS（ルーミアス）ピアス 3,500 円+税 /PINPUS（ピンパス）サングラス 22,000 円+税 /CIGSONIA（シグソニア）リング（スタイリスト私物）

LILuG 138

文字围绕图片排版，为自然的设计风格增添亮点。

文字呈弧形排列

扇形文字突显随性洒脱感。

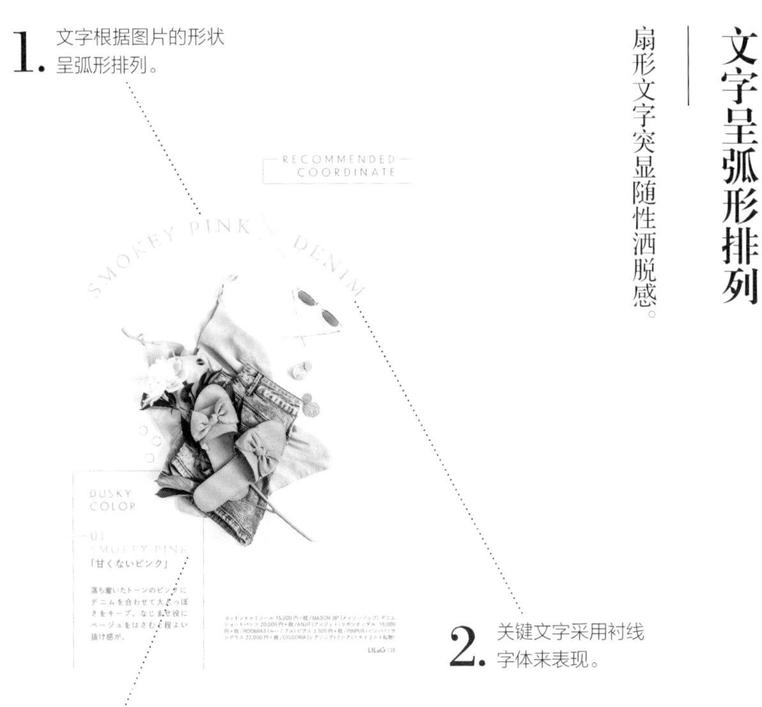

1. 文字根据图片的形状呈弧形排列。

2. 关键文字采用衬线字体来表现。

3. 采用与图片同色系的莫兰迪色，平衡版面的色彩倾向。

版式：

配色：

C13 M29 Y18 K0
R224 G192 B193

C33 M20 Y16 K0
R182 G193 B203

C64 M56 Y53 K2
R112 G111 B111

字体：

PINK

Adobe Jenson Pro / Regular

COLOR

Dunbar Low / Light

1

俏皮风

2

3

1. 将文字放入弧形框中，俏皮又可爱。2. 主标题文字全部呈弧形排列，增强视觉冲击力。
3. 关键文字和装饰性文字采用手写字体，释放洒脱的气息。

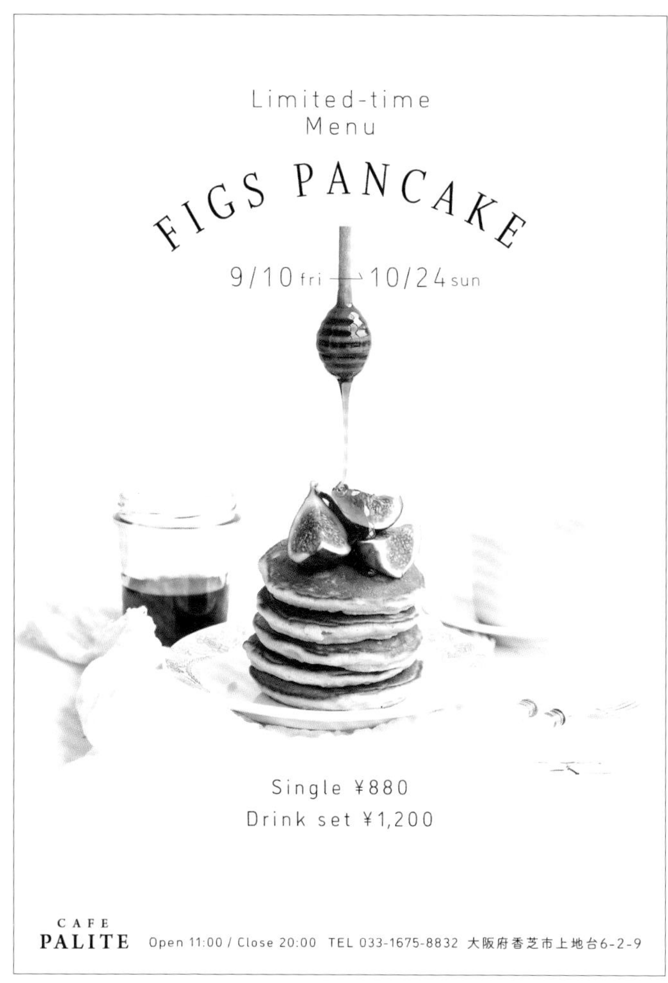

弧形标题跨越图片与留白区域，将版面元素串联了起来。

设计要点

引入个性化的弧形排列文字，让原本成熟稳重的版面风格便多了几分随性。

No. 17

时尚杂志封面

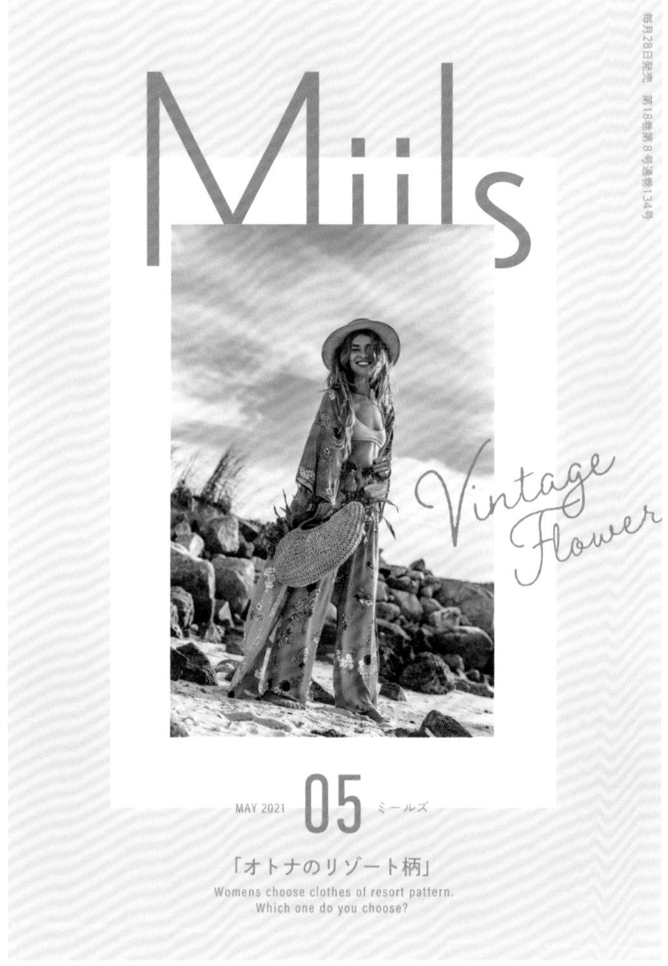

想让图片中的人物服装成为焦点？那就将标题的颜色设置成服装主色，以提升关注度，达到吸引眼球的效果。

俏皮风

图片取色法

从图片中提取色彩并将其运用到其他元素上，版面色调更加和谐统一。

1. 长体字适合放大使用，可为设计带来时尚美感。

2. 所有文字的颜色均与服装主色相同，画面色调统一。

3. 点缀手写字体，引入个性元素。

版式：

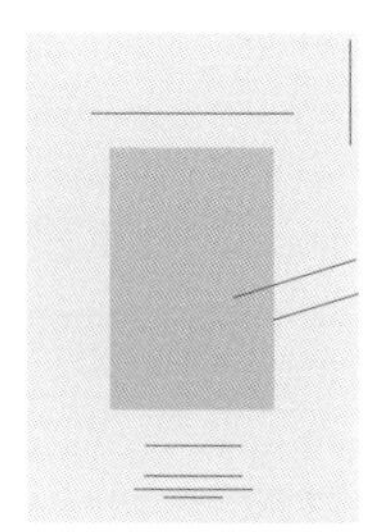

配色：

C13 M62 Y75 K0
R218 G123 B67

C9 M9 Y24 K0
R237 G230 B202

C51 M18 Y21 K0
R135 G180 B193

字体：

Miils
Dunbar Low / Light

Vintage
Braisetto / Regular

1

2

3

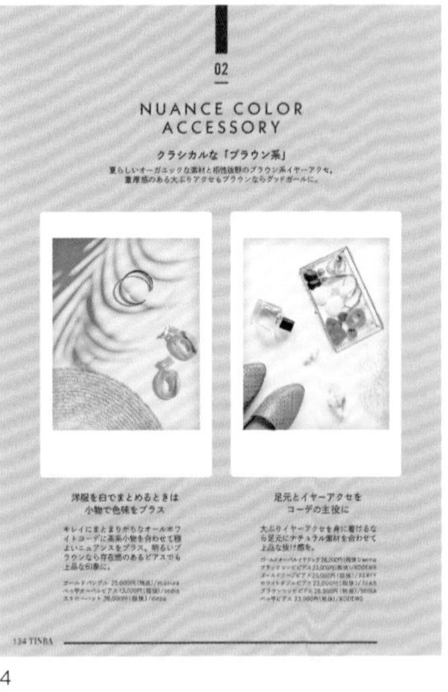

4

1. 背景和文字选用了图片中的两种颜色。2. 文字一律采用主色来表现。3. 主色文字填满背景。4. 利用纯主色背景打造简约风格。

NEW
100%
NATURAL OIL
PURELES
LIREN PURELES Facial Oil Essence
LIREN ピュアレス フェイシャル オイルエッセンス 28ml
本体 12,500円+税
スクワラン、ホホバ種子油、ザクロ種子油、ベルガモット果実油、オリーブ果実油
ラベンダー油、ザクロ花エキス、オレイン酸オクチルドデシル、トリグリセシル配合
LIREN

用两种颜色分割背景，通过颜色碰撞形成的较强烈的色彩对比创造视觉韵律。

设计要点

将图片作为视觉主体时，可以从中提取主色并将其运用到其他元素上，这样设计出来的版面色彩协调，具有统一的色调。

No. 18

服装品牌宣传册封面

空心字搭配留白，自然呈现设计亮点。

俏皮风

空心文字法

活用空心文字，打造活泼风格。

1. 纤细字形体现细腻美感。

2. 次要文字采用小字号，并将其颜色设计为白色，以体现主次分明，张弛有度。

3. 关键文字采用大字号，镂空效果使文字风格更活泼，吸引力也更强。

版式：

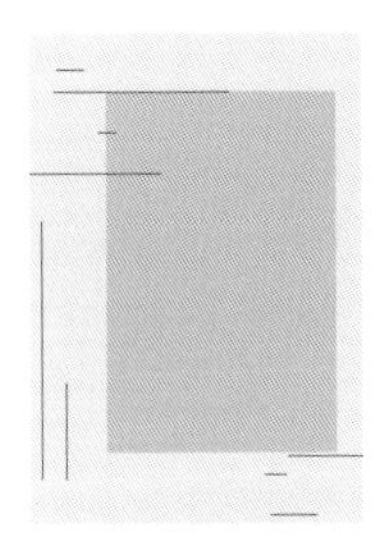

配色：

C16 M26 Y18 K0
R219 G195 B195

C19 M13 Y14 K0
R214 G216 B215

C37 M38 Y43 K0
R175 G158 B140

字体：

AUTUMUN
Poiret One / Regular

LOOK
Garamond Premier Pro / Regular

失败案例

文字为设计减分

1

2

3

4

1. 文字遮挡图片过多。2. 文字边线过粗。3. 文字边线过细。4. 过度依赖空心文字，画面显得十分单调。

成功案例

文字成为亮点

1

2

典型案例

设计要点

活用空心字，打造特色元素，为简约设计增添韵味。

1. 让文字呈弧形排列，彰显亲和力。2. 空心字搭配手写字体，创意十足，新奇抢眼。

专栏 **03**

字体是表现女性风格的重要设计元素

宋体和衬线字体适用于女性风格设计。
这两种字体的笔画具有粗细变化和强弱之分，优雅感十足，与成熟女性形象相契合。
细黑体和细无衬线字体字形纤细，具有都市现代感。
扩大文字的行距与字距，在文字四周留白，可以表现出高雅感，利于打造从容大方的设计风格。

TYPE：宋体
细宋体字形成熟高雅，特别适合营造高级感。

TYPE：衬线字体
衬线字体比无衬线字体更优雅，更适合用来营造成熟氛围和统一文字风格。

TYPE：黑体
只要留白够多，细黑体也能充分吸引眼球。与手写字体搭配使用，可为观者带来轻快、优雅的视觉感受。

TYPE：无衬线字体
细无衬线字体极具现代感，适用于女性风格设计。该字体与留白的契合度高，二者结合在一起，能打造出更加高雅的风格。

第4章

少女风

No.19 — No.24

引入花纹图案，统一版面色调，
创造甜美可爱的少女风格。

No. 19

服装品牌新店开业广告

角版图搭配挖版图，为版面带来视觉韵律。

少女风

粉米色主色

莫兰迪粉个性十足、成熟大气，用它统一版面色调，设计瞬间更上一个档次。

1. 部分文字和装饰性元素用粉米色来表现。

2. 角版图结合挖版图，使画面具有立体感。

3. 大胆降低图片与插画的色彩饱和度，打造成熟印象。

版式：

配色：

C13 M18 Y15 K0
R226 G212 B209

C28 M45 Y33 K0
R193 G151 B151

C17 M38 Y30 K19
R188 G150 B143

字体：

POP
Garamond FB Display / Semibold

MERU
Mrs Eaves OT / Bold

少女风

1

2

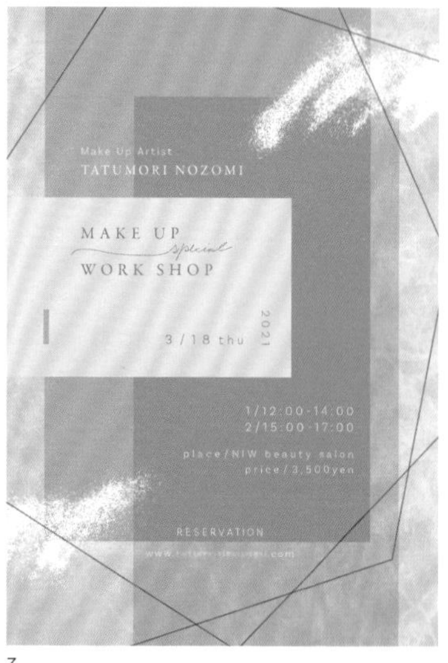

3

1. 将版面背景的颜色设置为粉米色，增强色彩的视觉冲击力。2. 将全部文字的颜色设置为粉色，达到强调模特唇色的目的。3. 统一所有元素的色调，打造独特的设计风格。

图片多也别紧张，统一版面色调，便能使文字免受图片干扰。

设计要点

女性不论多少岁，都是粉色的“俘虏”！
什么样的粉色才能吸引阅历丰富的她？答案是令人心动的粉。
统一版面配色，可以加强设计氛围。

少女风

No. 20

女士内衣品牌新品宣传海报

简单排列同场景图片，强力突显商品卖点。

少女风

组图排列法

以同场景下拍摄的组图为视觉主体，通过并排展示，加深图片的视觉印象。

1. 并排展示同场景下从不同角度拍摄的特写图，突显商品优点。

2. 留白增强了小号文字的视觉表现力。

3. 统一图片、文字及背景的色调，打造独特设计风格。

少女风

版式：

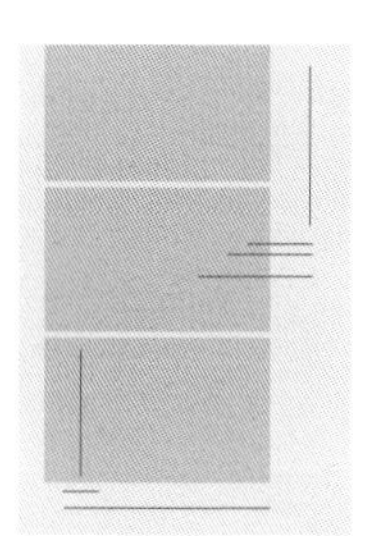

配色：

C41 M56 Y47 K17
R148 G109 B106

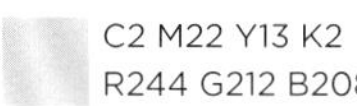
C2 M22 Y13 K2
R244 G212 B208

C24 M13 Y18 K1
R202 G211 B206

字体：

PEACH
Mrs Eaves OT / Roman

New
Sheila / Regular

失败案例

排版效果不佳

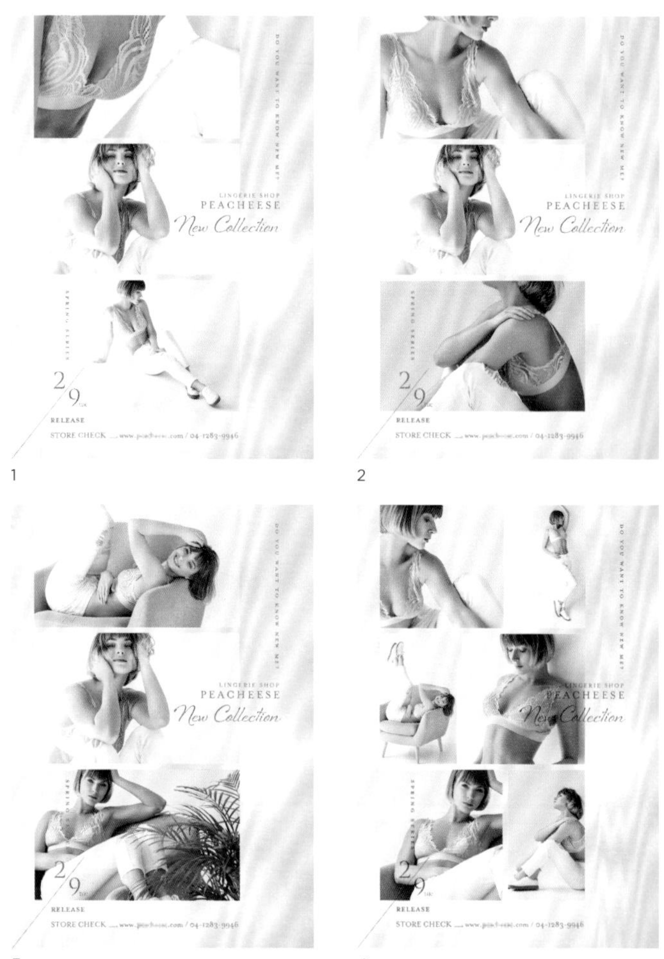

1　2　3　4

1. 三张图片距离感不同，使画面失去平衡，给人带来强烈的不协调感。2. 图片的色调不一致。3. 场景不统一，想要展示的商品主体不明确。4. 图片数量过多，反而削弱了表现效果。

成功案例

设计内容和理念均表达到位

1

2

设计要点

同一个场景，模特的表情和拍摄的焦点却不相同。并排展示这些微妙差异，使版面顿生故事性，魅力大增。

1.在并排的图片之间插入文案，强调图片内容的变化。2. 人物姿势不同的四张图排列在一起，打造出版面的整体格调。

No. 21

服装品牌快闪店宣传单

少女风

引入插画素材作为设计元素时，可通过简化文字和装饰元素的设计弱化插画的可爱感，使版面风格不过于孩子气。

真人+手绘

在图片上进行手绘，使版面风格变得可爱。

1. 在图片上叠加单色手绘插画。

2. 手绘插画一律采用莫兰迪色，使风格不过于自由随性。

3. 纤细字体时尚好看，弱化了手绘插画带来的可爱感。

版式：

配色：

C3 M33 Y17 K0
R242 G191 B191

C20 M16 Y1 K0
R210 G211 B233

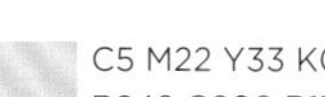
C5 M22 Y33 K0
R242 G209 B173

字体：

POP
Minerva Modern / Regular

collection
Santino / Regular

1

少女风

2

3

1. 将图片中一些元素的局部用手绘线条来表现。2. 将人物的一部分用彩绘来表现。
3. 彩绘插画与人物复杂交织，版面风格独特。

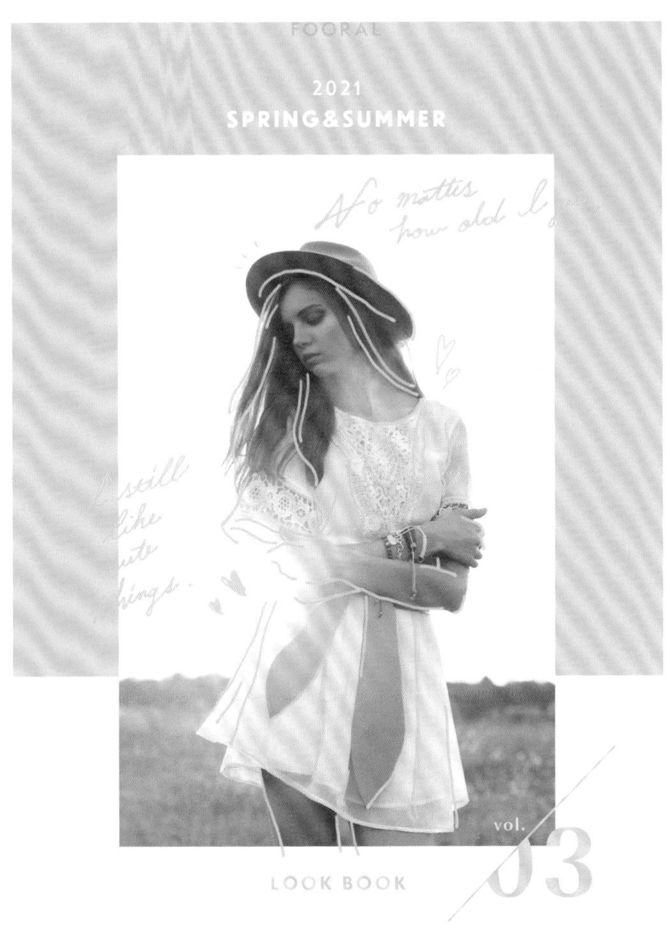

FOORAL

以人物照片为“画布”，手绘线条，手写文字，充分表现随性脱俗的女性风格。

设计要点

—

人物照片与手绘插画组合，打造出与众不同的风格。

这种表现手法特别适用于女性人物图，能使作品具有洒脱可爱感。

No. 22

商场春季展销会海报

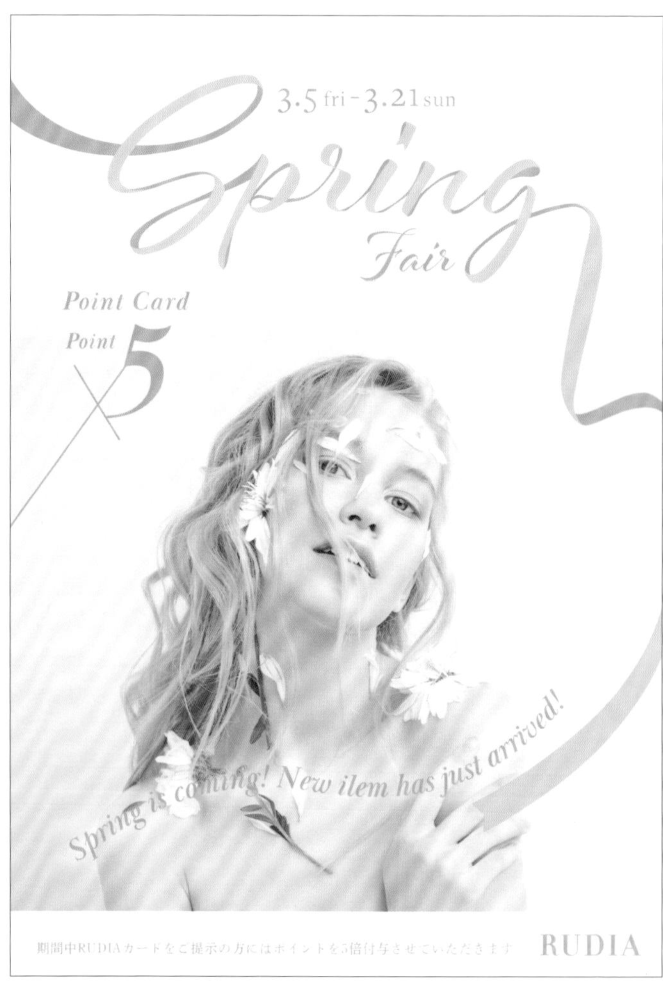

丝带字动感十足，为成熟风格带来可爱气息。

少女风

活用丝带形状

巧妙运用丝带图形，使版面具有少女感，形成个性设计风格。

1. 用丝带字效果表现主标题，提高关注度。

2. 统一丝带字和其他文字的颜色，展现成熟稳重的版面风格。

3. 配色选用与图片契合的成熟莫兰迪色，弱化可爱感。

版式：

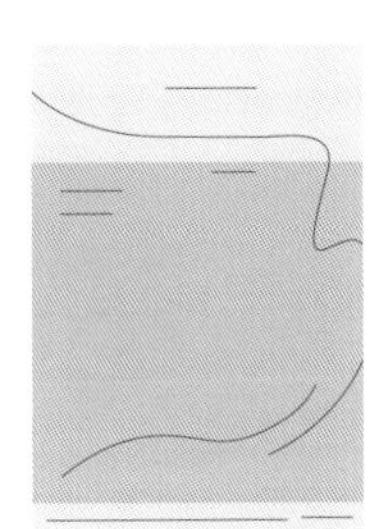

配色：

C37 M5 Y26 K0
R172 G211 B198

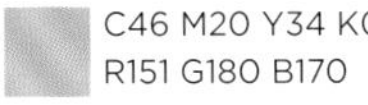
C46 M20 Y34 K0
R151 G180 B170

字体：

3.5 fri

Freight Text Pro / Book

Fair

Al Fresco / Regular

失败案例

丝带的表现效果欠佳

1

2

3

4

1. 丝带过粗，不够精致。2. 丝带的网格纹显得多余，颜色也与图片的色调不协调。3. 丝带过多，版面不够通透。4. 丝带字过大，丝带的飘逸感表现不足。

成功案例

形成亮点，效果较佳

1

2

典型案例

设计要点

纤细的丝带元素赋予版面细腻感和优雅感，将它作为点缀使用，效果较好，能为设计带来成熟感。

1. 将文案放入丝带图形框中，使其变得更加醒目。2. 用丝带元素设计装饰边框，打造细腻、精致的版面设计格调。

No. 23

西式点心店新品宣传海报

浅色系不张扬，浅色系的花纹即使铺满整个版面，也不会造成视觉干扰，反而起到很好的营造氛围的作用。

浅底嵌细纹

柔和、干净的底色与线条纤细柔美的花纹是完美搭档。两者相结合，优雅感油然而生。

1. 以与商品色彩相协调的绿色为主色，最大限度地加深消费者对商品的印象。

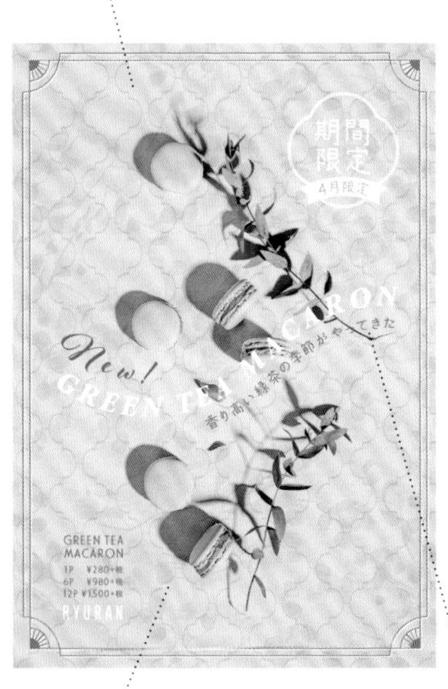

2. 同色系的图案及线条纤细的花纹能更好地融入背景。

3. 日文选用细体字，打造出优雅的日式风格。

版式：

配色：

C33 M14 Y40 K0
R184 G200 B164

C78 M55 Y82 K18
R66 G94 B66

字体：

GREEN

Park Lane / Bold

期間限定

TA-ことだまR

失败案例

未体现商品的优点

1. 配色过于鲜艳。2. 配色朴素，缺乏美感。3. 波点图案及其配色不够成熟，与商品不搭。4. 花纹的覆盖范围太小，达不到效果。

成功案例

配色与花纹带来优雅印象

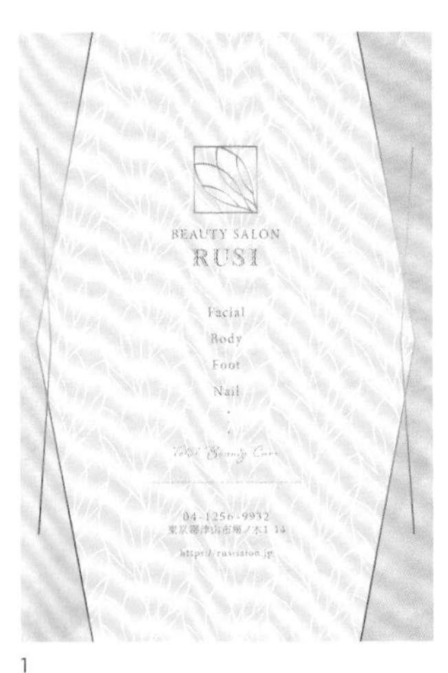

1

2

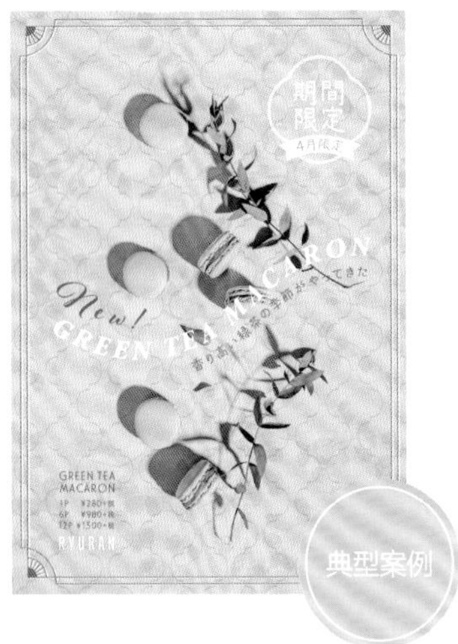

典型案例

设计要点

浅色背景可以让版面变美观，再嵌入线条纤细的同色系花纹，优雅感倍增，视觉效果更好。

1. 细腻的白色花纹赋予版面优雅美感。2. 用颜色淡雅的底纹图案展现华丽感。

No. 24

咖啡店开业传单

巧妙运用手绘肌理，打造令女性心动的包装设计。

手绘肌理

像随手画出来一般的手绘肌理为版面带来灵动美感。

1. 大小不一的、有手绘肌理的色块相互叠加，形成图案。

2. 以浅色为色彩基调，整体风格素雅不花哨。

3. 简约大气的版式结构弱化了圆润形字体的可爱感，使版面呈现出优雅感。

版式：

配色：

C47 M28 Y19 K0
R148 G168 B188

C3 M20 Y16 K0
R246 G216 B207

C7 M6 Y55 K0
R243 G232 B137

字体：

Dunbar Low / Light

COFFEE

Domus Titling / Regular

1

少女风

2

3

1. 使用超大笔刷在背景上画一笔，增强视觉冲击力。2. 在图片的边角上涂抹出不同笔触的肌理，形成拼贴风格。3. 把不同大小、颜色的手绘色块作为文本的背景，打造视觉韵律。

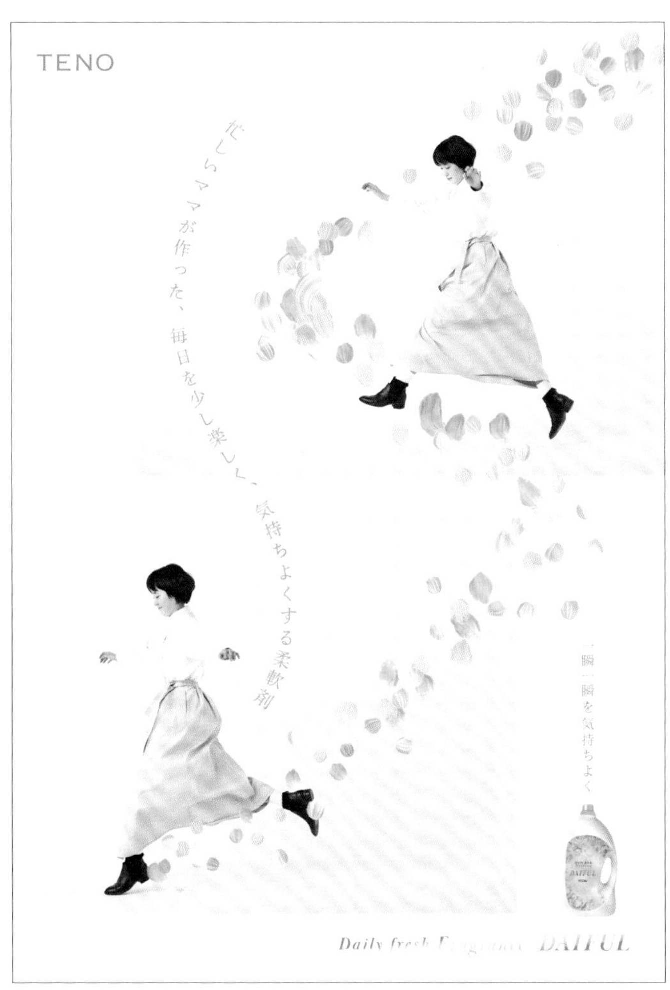

将有手绘肌理的点缀式图案配合人物动作进行排列，表现出吸引眼球的动感效果。

设计要点

自由随性的手绘肌理能为设计带来丰富的情感表现，其随性脱俗的风格对女性有着强烈的吸引力！

专栏 **04**

用手写风格文字抓住她的心

不知你是否注意到，近些年来，在海报、商品包装、网页上，我们经常能看到手写风格文字。传统手写字体能成为设计的亮点，可为作品带来恰到好处的脱俗感，从而吸引人的目光，给人留下深刻印象。

随性写下的文字散发着一股洒脱气息，一下子就能抓住女性的心。

手写风格文字还有以下几种效果。快来借助手写风格文字这一“神器”创作打动人心的优秀作品吧。

增强信息传递效果

与用键盘输入的文字相比，手写风格文字更能展现出诚意，视觉表现力更强。

>>>

让人感受到亲切与温暖

手写文字的笔触能为作品增加韵味和亲和力。

>>>

第5章

流行风

No.25 — No.30

运用简单技巧，为版面提气，
打造流行设计风格。

No. 25

法式西点店的店内宣传单

巧妙统一色调，使渐变色与图片完美融合。

渐变叠加

在图片上叠加渐变色，给人以时尚、高雅的视觉印象。

1. 为了不破坏图片的氛围与格调，选用柔和色调的渐变色。

2. 主标题采用大字号，使版面元素主次分明。

3. 选用渐变色或与图片色调相近的色彩，使版面的整体色调统一、协调。

版式：

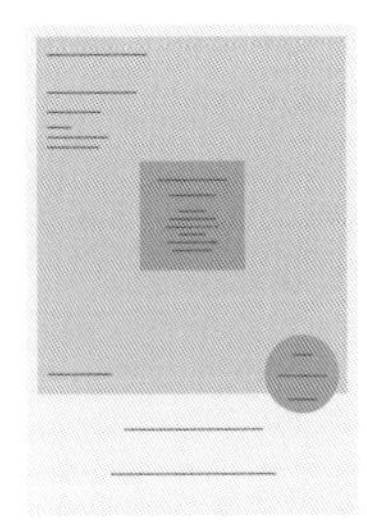

配色：

C22 M10 Y10 K0
R207 G219 B224

C0 M42 Y38 K0
R245 G172 B146

C0 M5 Y10 K2
R254 G245 B232

字体：

GOOD

EloquentJFPro / Regular

TOKYO

Stymie / Regular

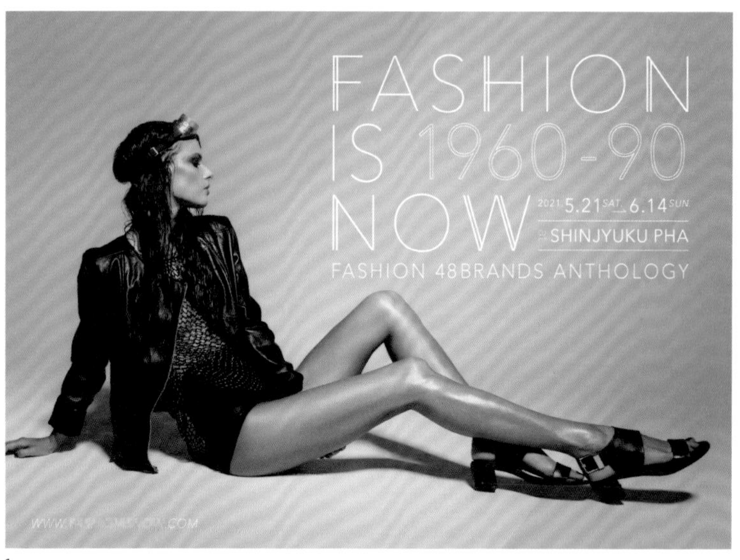

1

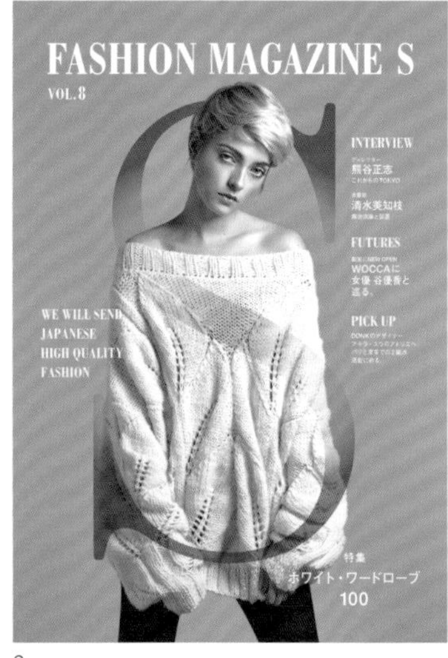

2

3

1. 黑色也能发挥点睛作用，为设计带来潇洒美感。2. 只在某一处着重表现渐变色效果，给人以强烈的视觉感受。3. 在黑白图片上叠加渐变色，营造时尚成熟氛围。

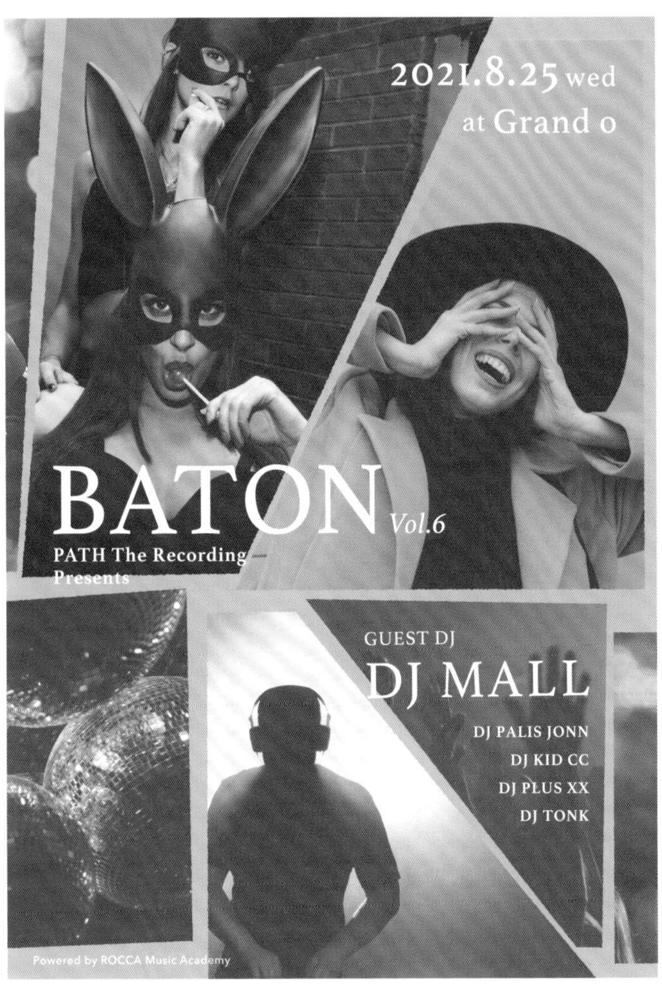

为每一张图片分别叠加相应的渐变色，版面因此产生节奏感，张力十足。

流行风

设计要点

控制颜色数量或干脆采用单色调，塑造潇洒时髦的视觉印象。
此外，给图片背景添加渐变色效果后，能展现出独特的色彩格调。

No. 26

插画展的宣传海报

Irinoe Mirai
ILLUSTRATION EXHIBITION
ILLUSTRATION EXHIBITION
10 / 8 fri
10/17 sun
ILLUSTRATION EXHIBITION
@UEMOTI GALLERY
10:00-18:00 / TICKET FREE
04-1298-2276/www.
.com

黑白写真与大面积留白搭配是完美构图组合，能瞬间提升版面的简约利落感。

流行风

黑白图片构图

在版面中加入黑白图片，打造高冷利落的设计风格。

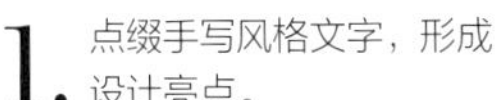

1. 点缀手写风格文字，形成设计亮点。

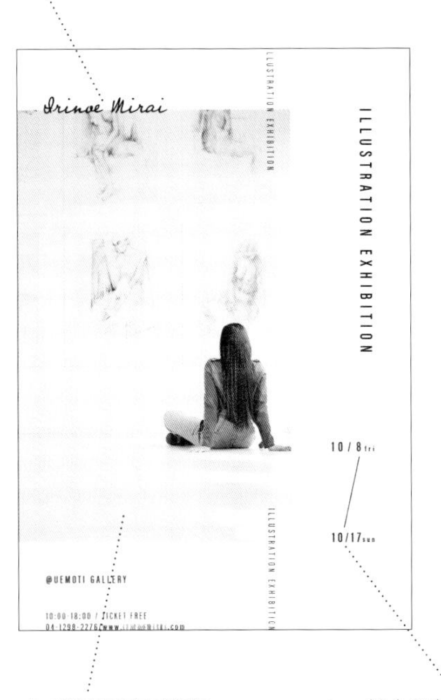

2. 与干净的黑白写真相搭配，将版面的色调调成黑白色调。

3. 扩大留白，缩小文字，带来时尚视觉感受。

版式：

配色：

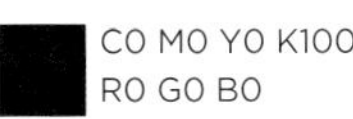

C0 M0 Y0 K100
R0 G0 B0

C0 M0 Y0 K0
R255 G255 B255

字体：

ILLUST

Acumin Pro / ExtraCondensed Semibold

Irinoe

Professor / Regular

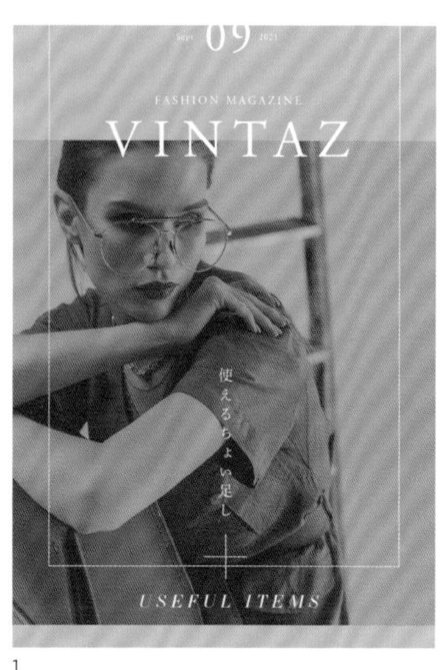

1

2

3

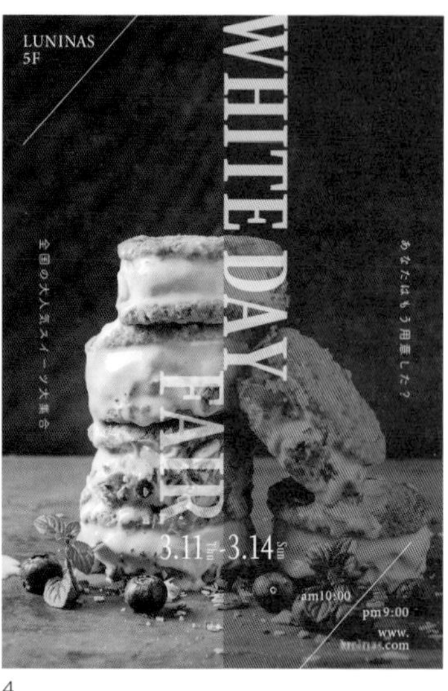

4

1. 将图片的混合模式设置为正片叠底，使图片融入背景，从而营造出氛围感。2. 角版图片部分重叠，为版面带来动感。3. 版面中只有一种有彩色，有效地使观者视线集中到采用这种颜色表现的文字上。4. 彩色与黑白相搭配，提升关注度。

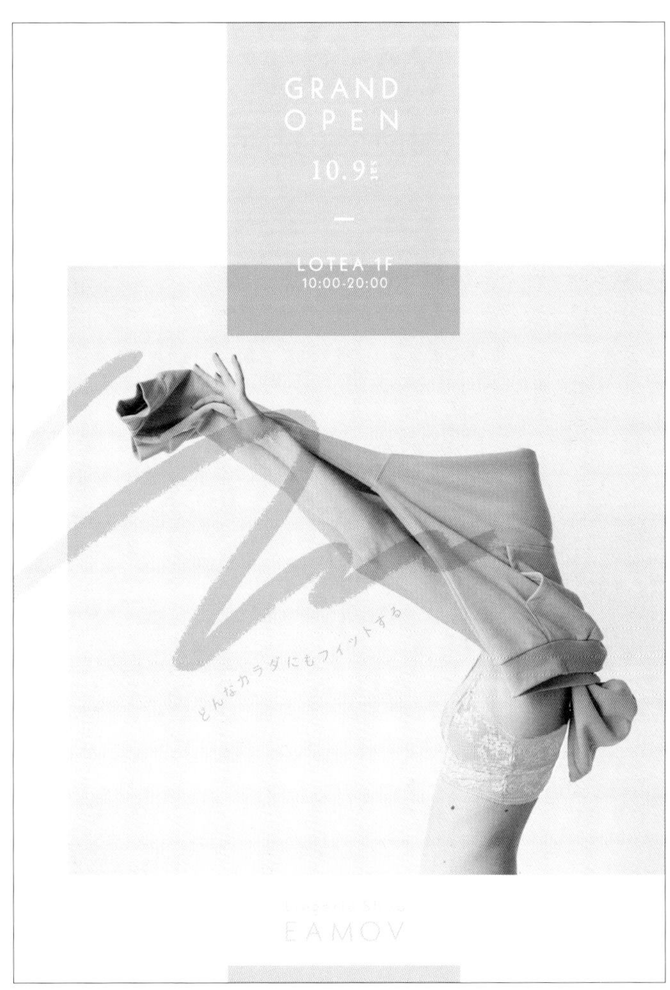

图片局部保留有彩色，配上同色系的手绘线条，即可用色彩成功打造出视觉焦点。

设计要点

在版面中加入黑白图片，这种表现手法适用于营造氛围。如果想要表现成熟感，可以尝试对版面进行局部去色，这样能获得不错的视觉效果。

No. 27

时尚杂志封面

AUTUMN 2021
ISSUE 3
DONOW
銀座・青山・表参道
最新スナップ
アパレル店員&サロンスタッフ
50名/今欲しいアイテム大調査
HOW DO YOU FEELING
IN THIS AUTUMN?
COLOR ON COLOR
大人のカラーの遊び方
WONDER 33 / INKZ / MM / DEBO SOUCE
GILDENS / COMMON SENTENS / KITTU
今注目のスタイリスト15名の
WORKSTYLE
09
SEPTEMBER

除主标题以外，大部分文字倾斜摆放，这样既达到了强调主标题的目的，也为版面带来了动感。

旋转文字

旋转文字，打破平衡，带来动感，给人留下深刻的印象。

1. 除主标题以外，大部分文字以不同角度倾斜摆放。

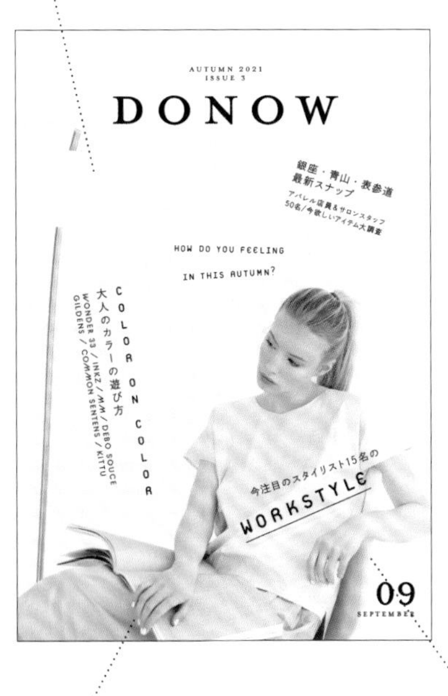

2. 朴素的配色与夸张的文字排版形成对比，突显画面层次感。

3. 竖排文字与横排文字组合，形成独特韵味。

版式：

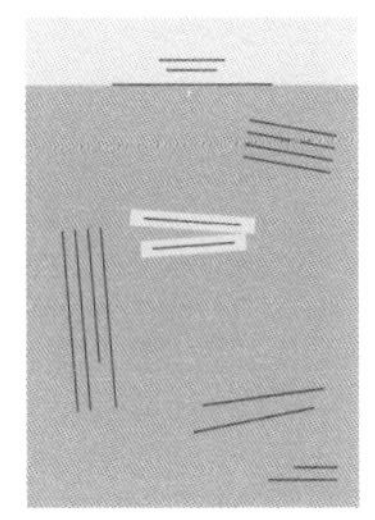

配色：

C12 M7 Y7 K0
R229 G232 B234

C17 M18 Y20 K0
R219 G209 B200

C0 M0 Y0 K100
R0 G0 B0

字体：

DONOW
Mrs Eaves /
Roman All Petite Caps

WORK
Platelet OT / Regular

1

流行风

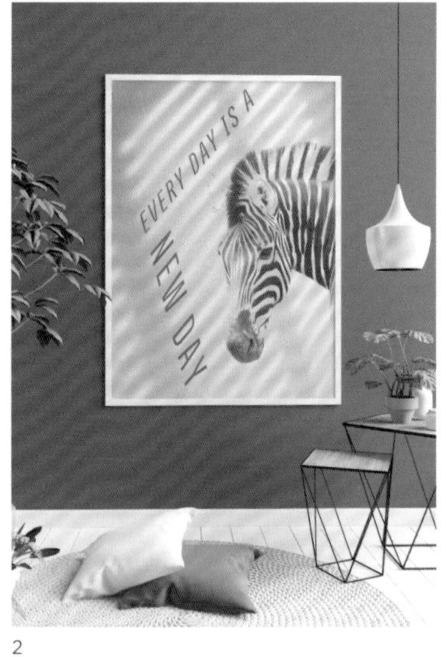

2

3

1. 只倾斜摆放部分元素，打造视觉焦点。2. 根据版面中部分元素的摆放角度摆放文字，体现作品深度。3. 将文字排列成斜十字形，提升视觉感染力。

文字和线条均以同一角度倾斜摆放，营造出和谐统一感，形成视觉焦点。

设计要点

点缀应用、全局运用或搭配图片使用，通过各种方式活用旋转文字，给版面带来动感，打造独特、时尚设计风格。

No. 28

花器艺术家作品展宣传单

以色带做点缀，版面会显得张弛有度，关键文字不易被忽视。

流行风

色带文字

为文字元素添加底色背景，形成色带文字。这种设计技巧不仅可为版面增添个性美，还能提高文字关注度。

1. 黑底配白字，形成简约风格。

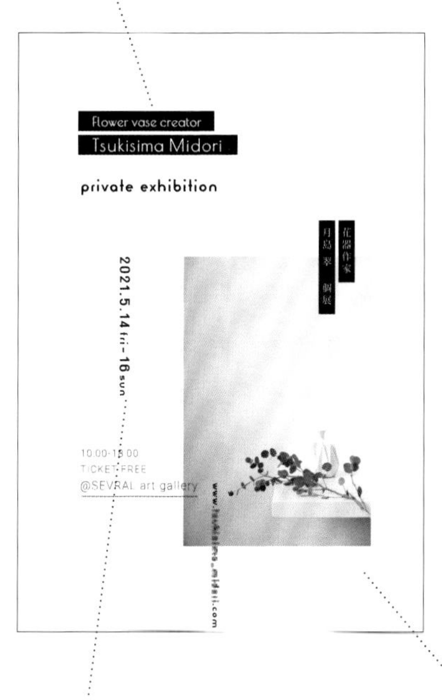

2. 搭配圆润字体，使设计具有柔和美感。

3. 通过大面积留白，提高版面内容关注度。

流行风

版式：

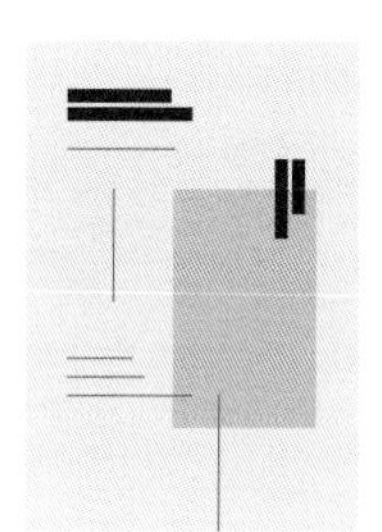

配色：

黑	C0 M0 Y0 K100 R0 G0 B0
浅灰	C13 M7 Y7 K0 R227 G232 B234
绿	C75 M50 Y90 K18 R72 G101 B57

字体：

Flower

Poiret One / Regular

private

Reross / Quadratic

1

2

流行风

3

4

1. 活用彩色色带文字，营造欢快活泼氛围。2. 给文字添加背景色块，背景色块缺失部分的文字更能引发观者兴趣。3. 文字超出色带范围，使版面产生紧张感。4. 长度和宽度各不相同的色带为版面增添了视觉韵律。

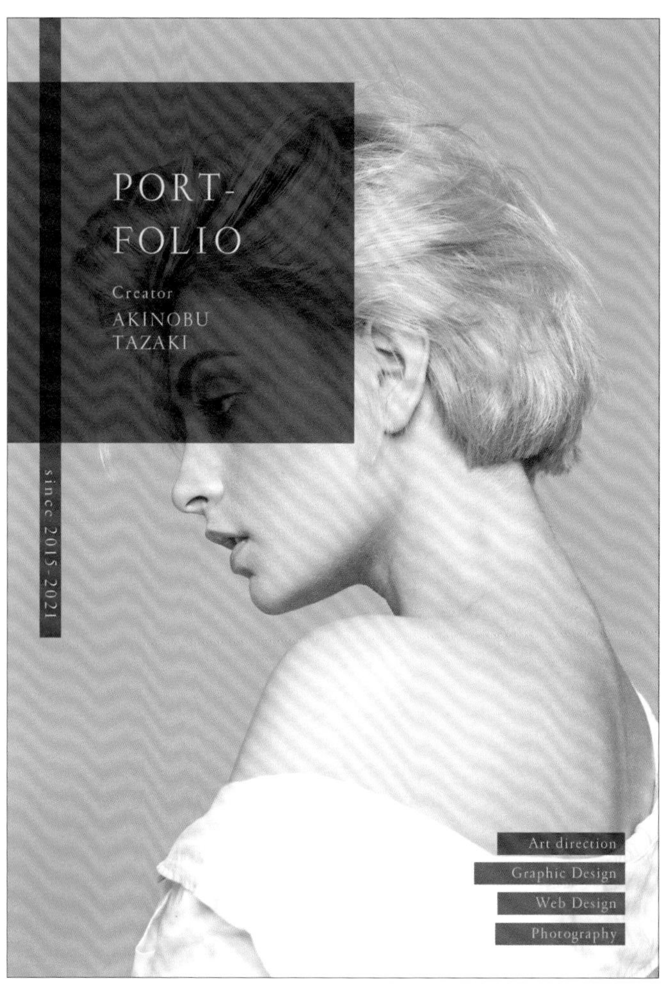

PORT-
FOLIO
Creator
AKINOBU
TAZAKI
since 2015-2021
Art direction
Graphic Design
Web Design
Photography

半透明色带为版面带来时尚脱俗感。

设计要点

给文字加上底色背景，比单纯堆砌文字更有趣。色带文字能为单调的版面带来变化，赋予设计动感。再配上细体字与留白，可以使整体风格不至于太硬朗。

No. 29

服装品牌新品宣传海报

经过精心布局，版面变得干净整洁。线条连接文字，这种新颖的排版方式让设计告别死板。

字+线

用好文字和线条这对组合，能打造出纯文字无法表现的时尚风格。

1. 白色文字简单排列在色彩饱和度较低的图片上。

2. 用短线将字母或数字连接起来，以表达完整意思。

3. 圆润形字体搭配细长形字体，形成有趣组合。

版式：

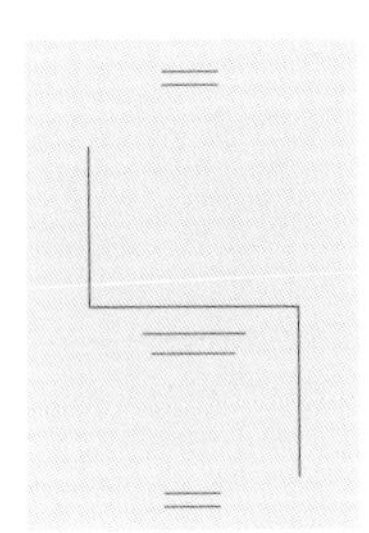

配色：

C67 M40 Y60 K1
R100 G133 B111

C40 M17 Y36 K0
R167 G189 B169

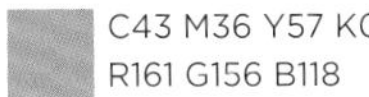
C43 M36 Y57 K0
R161 G156 B118

字体：

NEW
Adrianna / Bold

START
Bebas Neue / Regular

1

2

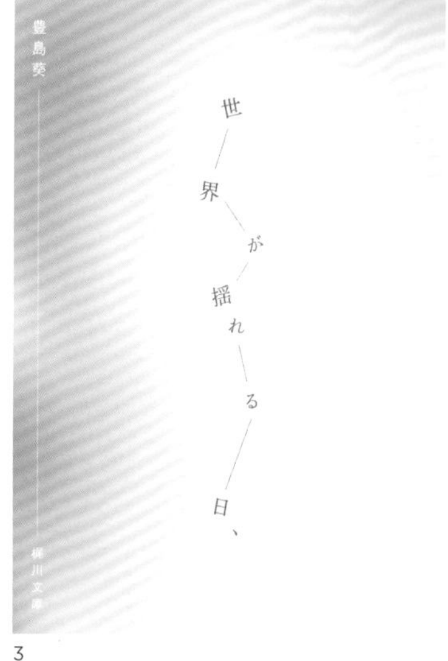

3

1. 大胆在文字上画一条斜线，增强视觉冲击力。2. 在主标题上画斜线，达到吸引视线的目的。3. 用短线将摆放不规则的文字连接起来，创造视觉动线。

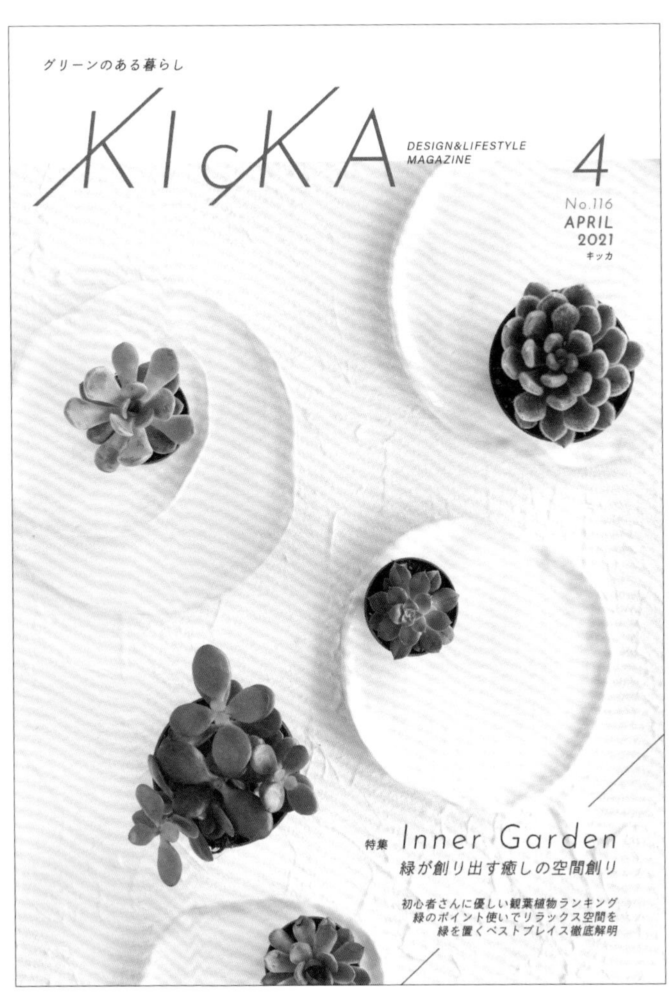

字与线巧妙结合，形成Logo。

设计要点

—

字与线的组合方式不止一种，可以相连、重叠、结合……
在文字上花点心思，能设计出具有视觉流动性的版面。

No. 30

地方免费报刊封面

published by ROCCA　2021.11.8 Mon. release

TOKYO
GINZA
CITY
presents

ROCCA JOURNAL

Special Issue 02

TAKE FREE

東京を刺激するフリーペーパー

FOOD

東京・銀座にNewOPENしたカフェ「POOL」を皮切りに続々とコーヒースタンド、カフェがオープン！今注目のエリアをレポート。読者プレゼントあり。

人気コラム「店主の深夜飯」。

FASHION

丸の内・銀座・横浜の三都に広がるドメスティックブランドの噂。街の最新スナップと街頭インタビューを収録。レポート「あなたのクローゼット」も収録。

CULTURE

スタイリスト「小池 優」のお部屋紹介。今を感じるアイテムは…。

www.[illegible].com

将版面设计成报纸风格，文字部分采用纯黑色来表现，以统一版面色调，给人留下清晰醒目、简洁明了的印象。

欧美报纸风

从欧美报纸的版面设计中汲取灵感，打造严谨感和时尚感。

1. 上下两端的细线使版面看起来更有报纸的感觉。

2. 角版大图具有震撼力，可使版面表现出报纸风格。

3. 参考报纸的表现形式，将文字内容分栏、分段呈现。段落间的分隔线也不乏韵味。

版式：

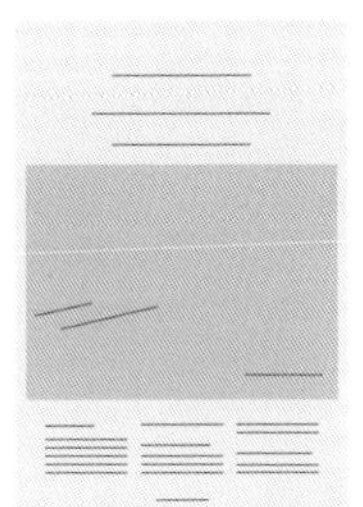

配色：

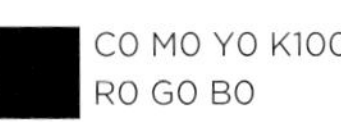

C0 M0 Y0 K100
R0 G0 B0

字体：

ROCCA

Adobe Caslon Pro / Semibold

TOKYO

DINOT / Meduim

失败案例

形似而神不似

1

2

3

4

1. 手写字体和圆角字体均不能使版面表现出报纸风格。2. 版面色彩丰富，看上去不像报刊封面。3. 使用挖版图让版面少了几分报纸的韵味。4. 文字过多，削弱了封面的视觉冲击力。

成功案例

抓住报纸的特点

1

2

ROCCA JOURNAL

典型案例

设计要点

通过控制色彩数量、加入线条等手段，制作出报纸风格的版面。

1. 在版面上叠加彩色，提升时尚感。2. 借助无衬线字体打造现代风格。

流行风

专栏 05

活用图标，打造利落风格

版面信息繁杂，想表达的重点也不止一个，该如何是好？这时不妨试试图标法。将元素与图形组合成图标，可以更好地传达信息。

此方法除了能将信息处理得简单易懂，还便于设计留白，利于打造出干净整洁、版块清晰的版面。

另外，图标法还具有突出设计元素、提升视觉识别性的优点。传统的强调手法，如放大文字、增加色彩等，易使版面变乱，而图标法则刚好相反。快来动手感受一下它的魅力吧。

使用前

死板的文字排版与过多的颜色使商品的特征和优点无法得到充分体现。

>>>

使用后

使用与商品形象相符的图标，将文字内容合理归类。

&cosme ランキング
ボディーミルク部門 第1位

>>>

潤い保湿成分たっぷり配合
5種類のセラミド配合
7種類の植物オイル配合
12種類の植物エキス配合

>>>

5種類の セラミド 配合
7種類の 植物オイル 配合
12種類の 植物エキス 配合

潤い保湿成分たっぷり配合

第6章

女性风

No.31 — No.36

运用柔和的表现手法，创造高雅的女性风格。

No. 31

家居生活馆宣传单

女性风

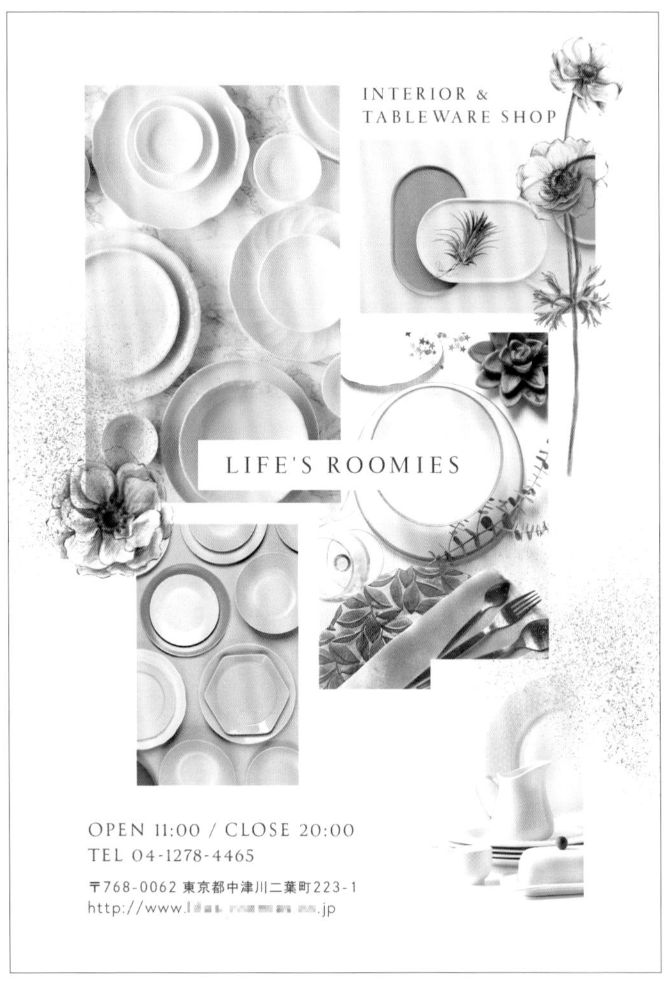

将部分图片叠压摆放。多一些留白，则少一分散乱。

多图叠压

多图排版时，可将部分图片叠压摆放，这样可使版面看起来更精致。

1. 调整图片尺寸，使版面看起来张弛有度。

2. 布局时注重留白，以弱化图片的数量感。

3. 部分图片叠压摆放，以进行重点展示。

版式：

配色：

C78 M73 Y65 K31
R63 G62 B68

C14 M21 Y18 K0
R224 G206 B201

C27 M18 Y15 K19
R171 G176 B182

字体：

LIFE'S

Garamond FB Display / Regular

OPEN

Canto Pen / Light

失败案例

图多的缺点被放大

1

2

3

INTERIOR &
TABLEWARE SHOP
LIFE'S ROOMIES
OPEN 11:00 / CLOSE 20:00
TEL 04-1278-4465
〒768-0062 東京都中津川二葉町223-1

4

1. 图片过度叠压。2. 图片布局太分散。3. 图片尺寸相近，无主次之分。4. 图片间的色调差异过大。

成功案例

留白带来整洁感

1

2

典型案例

设计要点

多图排版时，记得统一色调。叠压摆放图片时，一定要控制好留白，这样才能打造出整洁有序的版面，轻松体现随性成熟的设计风格。

1. 用少量图片打造简约风格。2. 手写风格文字带来脱俗感。

女性风

No. 32

照相馆广告

将用细笔写出的大号文字摆放在显眼位置，打造独特设计风格。

女性风

洒脱手写风格

大胆使用手写风文案，不仅不会破坏版面的柔和氛围，还能给人留下深刻印象。

1. 两张同角度拍摄的图片并排摆放，加深视觉印象。

2. 巧用留白，让手写风格文字成为亮点。

3. 采用居中对齐的排版方式，轻松整合文字。

版式：

配色：

C0 M0 Y0 K100
R0 G0 B0

C35 M11 Y37 K0
R179 G203 B172

C7 M2 Y15 K0
R242 G245 B226

字体：

BUW
Bodoni URW / Regular

Open
Imperial URW / Regular

失败案例

手写风格文字显得格格不入

1

2

3

4

1. 文字太小。2. 文字显示不全，造成阅读障碍。3. 文字过细，不易阅读。4. 文字过粗，显得十分扎眼。

成功案例

成为设计亮点

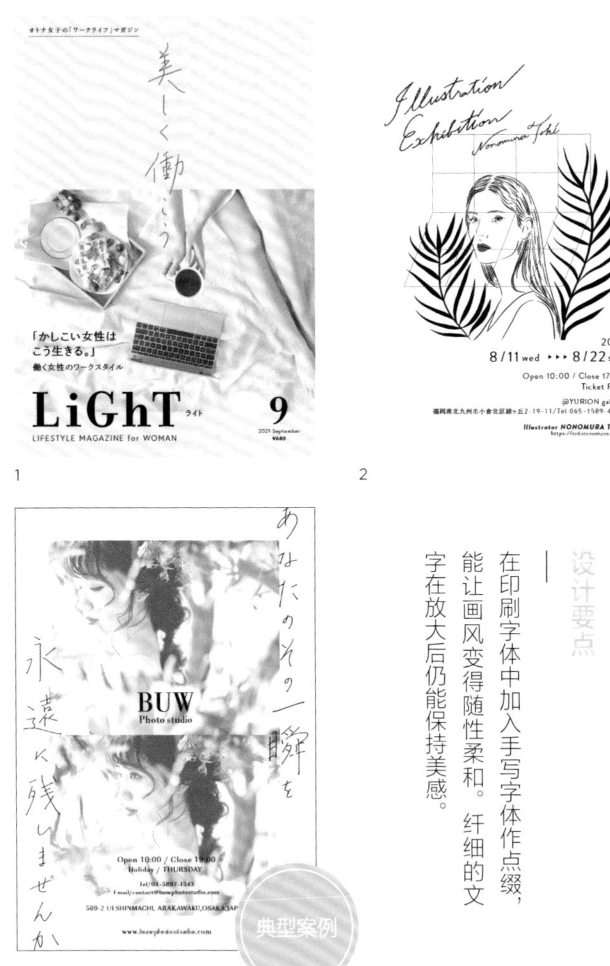

1 2

设计要点

在印刷字体中加入手写字体作点缀，能让画风变得随性柔和。纤细的文字在放大后仍能保持美感。

1. 手写风格文字居中排版，形成视觉中心。2. 手写风格文字潇洒随性，与插画完美契合。

No. 33

演唱会宣传单

浅色渐变搭配小段文字，构成女性心仪的设计风格。

女性风

冰激凌色渐变背景

浅色渐变可体现女性特有的优雅与柔和。

1. 复杂的配色经过色调统一，形成高雅风格。

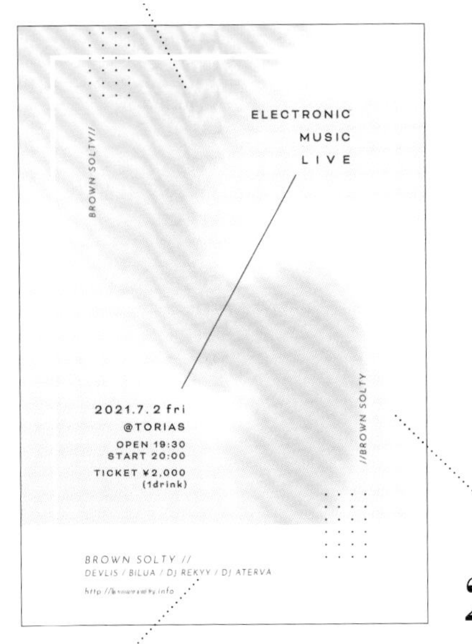

2. 渐变色背景展现独特格调。

3. 紧凑排版的小号文字使设计更具精致美感。

版式：

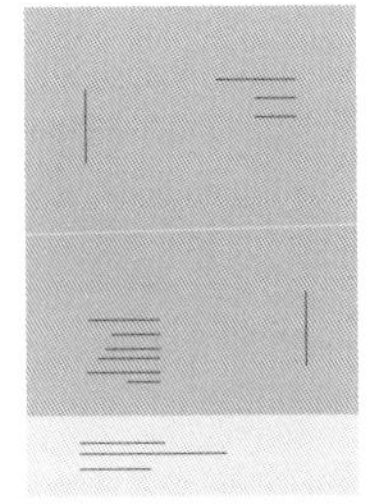

配色：

C31 M0 Y19 K0
R186 G224 B215

C2 M22 Y6 K0
R247 G215 B222

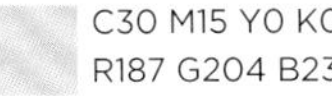
C30 M15 Y0 K0
R187 G204 B233

字体：

Bicyclette / Regular

BROWN

Josefin Sans / Light Italic

失败案例

格调打造失败

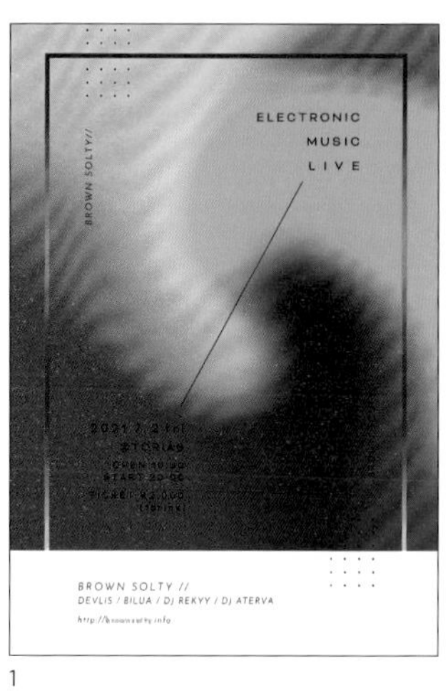

1

2

3

4

1. 配色太夸张。2. 配色太暗淡。3. 色彩间无跳跃感。4. 渐变色的范围太小。

成功案例

渐变色是视觉焦点

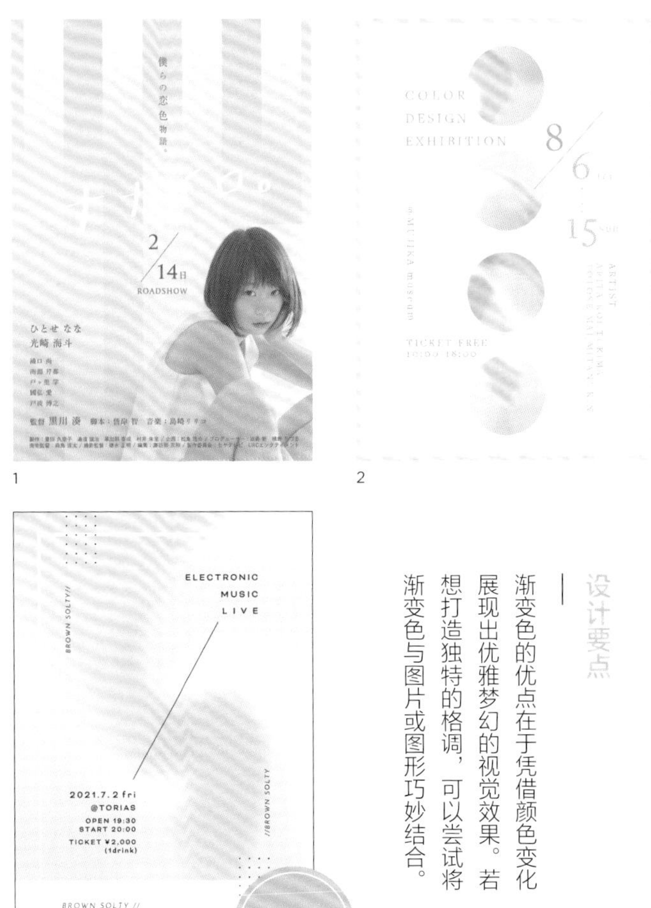

设计要点

渐变色的优点在于凭借颜色变化展现出优雅梦幻的视觉效果。若想打造独特的格调，可以尝试将渐变色与图片或图形巧妙结合。

1. 长条形渐变色块烘托出性感氛围。2. 圆形渐变色图案看起来十分俏皮可爱。

No. 34

服装品牌秘密促销的宣传海报

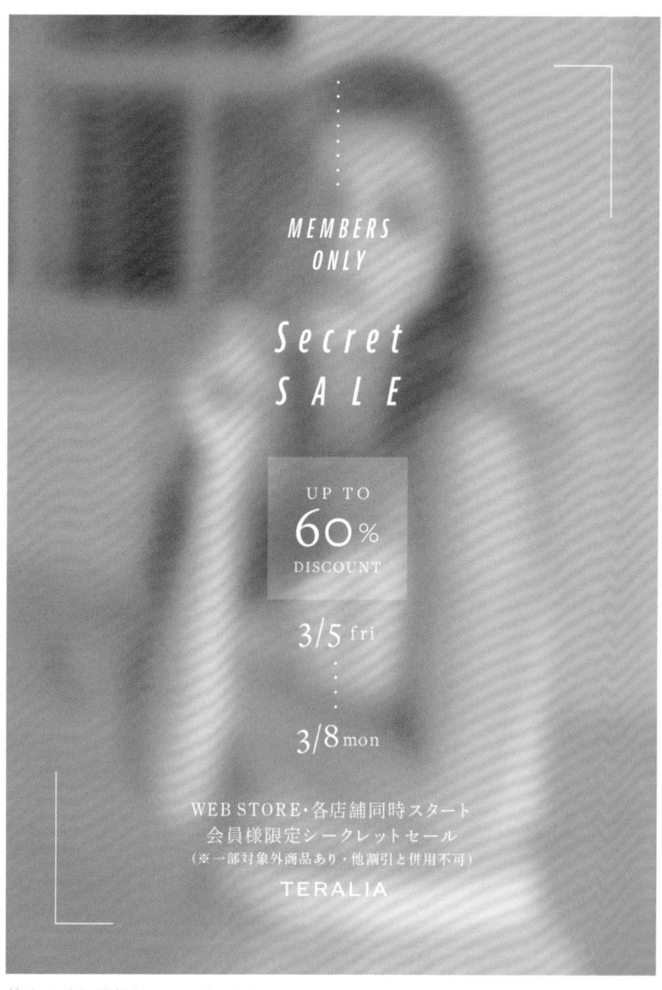

MEMBERS ONLY
Secret SALE
UP TO
60%
DISCOUNT
3/5 fri
3/8 mon
WEB STORE・各店舗同時スタート
会員様限定シークレットセール
（※一部対象外商品あり・他割引と併用不可）
TERALIA

整张图片经模糊处理后，能催生观者的好奇心，将其作为背景，可使简约的文字得以突出。

模糊图片

刻意模糊图片，打造神秘感，激发观者的阅读兴趣。

1. 为整张图片添加模糊效果，使其产生强烈视觉冲击力。

2. 以简洁的文字和装饰提升阅读流畅度。

3. 用裸色统一整体色调，营造成熟稳重氛围。

版式：

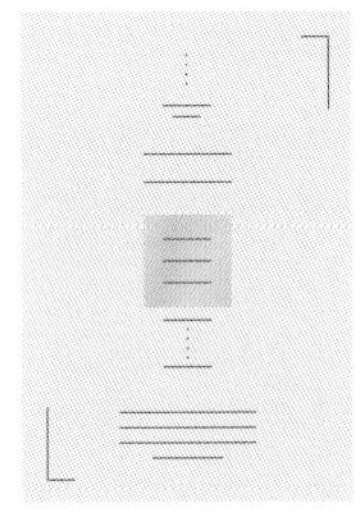

配色：

C27 M32 Y28 K0
R196 G176 B172

C12 M34 Y28 K0
R225 G182 B171

C48 M60 Y66 K8
R144 G107 B84

字体：

Secret
Bernina Sans / Compressed Semibold Italic

UP TO
Freight Text Pro / Book

女性风

1

2

3

4

1. 局部虚化。2. 在图片上叠加不同肌理，强化图片质感。3. 模糊的挖版图与文字一同构成独特的版面风格。4. 虚化图片的后景，使观者的视线集中到模特的手上。

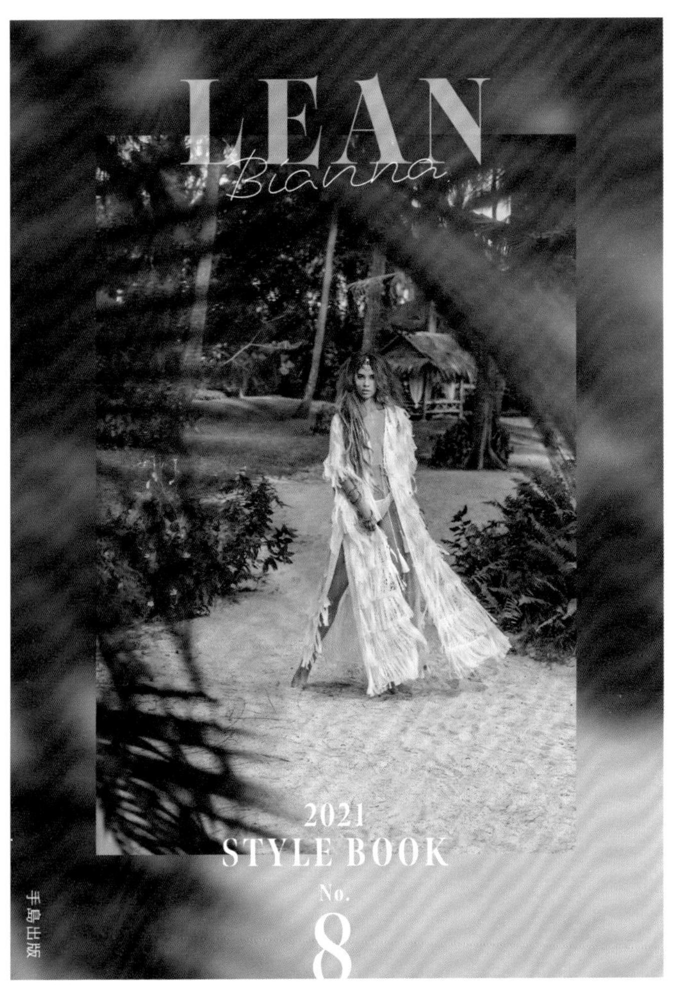

版面主图与背景使用同一张图，仅将背景模糊，主体图片得以强调。

设计要点

巧妙利用人对未知事物的好奇心。根据设计意图，灵活运用不同的模糊表现形式，打造有趣的版式。

No. 35

化妆品新品宣传海报

背景和文字都用与商品主体颜色同色系的颜色表现，营造出和谐统一的版面格调。

单色系配色统领全篇

统一商品包装、版面背景和文字的颜色，让设计更显成熟。

女性风

1. 设计商品包装和海报版面时，均使用同色系色彩，形成和谐统一的格调。

2. 采用细体字，与女性美相契合。

3. 商品包装上的细纹图案给人以精致的视觉感受。

版式：

配色：

C22 M38 Y36 K0
R206 G168 B152

C12 M45 Y47 K0
R224 G159 B127

C5 M30 Y26 K0
R239 G194 B179

字体：

MinervaModern / Regular

COSMETIC

Bernino Sans / Compressed Light

失败案例

配色不符合受众的审美

1

2

3

4

1. 配色保守，受众年龄层偏高。2. 配色活泼，版面显得不够成熟。3. 文字和背景的色彩饱和度相近，导致文字的识别性降低。4. 配色偏男性化，不符合女性审美。

成功案例

成功打造版面风格

1

2

典型案例

设计要点

利用色彩差异来达到强调效果是设计中常用的表现手法。而单色系配色法却反其道而行，用一个色系表现版面元素，更好地展现了作品的格调。

1. 有立体感的文字有效吸引视线。2. 版面色调与商品颜色相协调，形成和谐统一的版面格调。

No. 36

绿植店开业宣传单

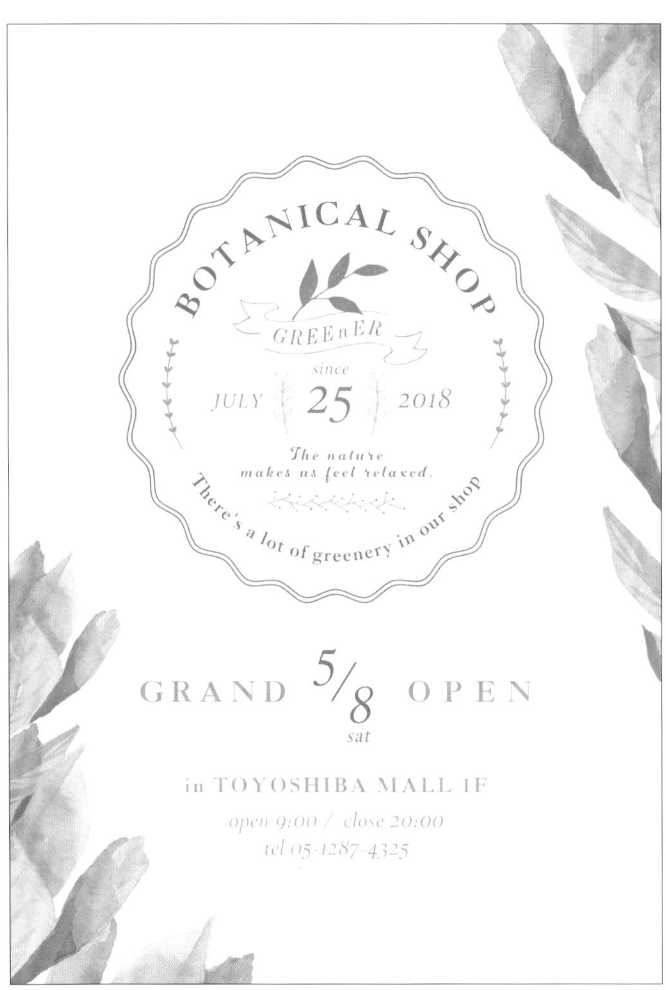

细线插画与文字的契合度高，两者搭配很适合用来表现Logo风格。

女性风

细线条画

细线条画可表现细腻的女性风格。

1. 插画与文字组合，打造Logo风。

2. 用衬线字体统一文字风格，加深优雅印象。

3. 控制色彩数量，塑造品牌形象。

版式：

配色：

C60 M44 Y57 K0
R121 G132 B113

C48 M39 Y37 K0
R149 G149 B149

C49 M22 Y43 K0
R144 G174 B152

字体：

LTC Caslon Pro / Bold

Park Lane / Light

1

2　　3

1. 以图片为“画布”，用白色细线绘制插画，表现独特风格。2. 通过简洁的排版方式，展现线性图标的魅力。3. 由线条组合成的若干几何图形给人带来刚性的视觉印象。

重复排列用细线画出的简单纹样，展现纤细美感。

设计要点

线条画分许多种类。根据设计需求选择合适的图案类型并与文字搭配组合，能形成别具一格的设计格调。

专栏 06

符合成熟女性审美的选图法

照片　照片要自然不做作

不论是风景照还是人物照，抓拍到的瞬间才最自然生动，能给人带来成熟时尚的视觉感受。选图时还需注意避免颜色过多、背景杂乱、色彩对比强烈等问题。

ⓐ

ⓑ

ⓐ
模特错开视线，展现侧颜，表情自然，显得成熟而脱俗。光线的运用和对焦的手法也是影响图片美感的重要因素（参阅第 146 页）。

ⓑ
虽然图中物体较多，但却不显得杂乱且富有成熟美感，这是因为图片的色彩被很好地控制在了三种以内。整个画面像是定格在某一刻的生活场景，画面中的物体随意摆放，这是打造脱俗感的关键所在（参阅第 171 页）。

插画　借助插画打造好玩又成熟的设计

巧妙运用插画，提升清新感，让版面更显时尚。记得要统一色彩和色调，控制色彩数量，这样才能使作品趣味十足又不失成熟感，符合女性审美。

ⓐ

ⓑ

ⓐ
图片给人一种高冷的印象，用细线在图片上随性勾画轮廓，即可为其增添女性风格元素（参阅第 101 页）。

ⓑ
只要保证图片与插画的色调相协调，即便是大面积的彩色手绘图案也能完美融入版面，使成熟氛围透露出可爱气息（参阅第 98 页）。

第7章

现代风

No.37 — No.42

掌握好设计技巧，塑造潇洒现代风格。

No. 37

爵士演唱会宣传单

将主标题和粗线框的颜色设计成白色，使观者的视线聚焦在版面中央，从而获得流畅的阅读体验。

方形粗线框

粗线框能强化版面的视觉表现力，提升关注度。

1. 统一采用长衬线字体，营造出成熟氛围。

2. 低饱和度的双色背景，给人以华美、沉稳的视觉感受。

3. 将主标题和粗线框的颜色设计成白色，达到吸引视线的目的。

现代风

版式：

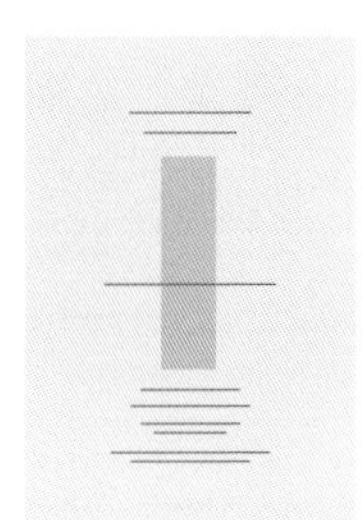

配色：

C21 M16 Y15 K0
R209 G209 B210

C17 M24 Y18 K0
R217 G198 B197

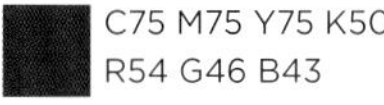
C75 M75 Y75 K50
R54 G46 B43

字体：

LTC Bodoni 175 /Italic

Adorn Pomander / Regular

1

2

3

4

现代风

1. 以图片作背景，突显线框中的文字。2. 线框作为分界线，将图片与背景区别开来。3. 只将文案用线框框起来，提升关注度。4. 线框与挖版图和图形相结合，形成俏皮可爱风格。

将文字与有缺口的线框组合起来，使之形成一个整体。

现代风

设计要点

用粗线框将文字框起来，视线必然会被框中内容所吸引。粗线框能为作品增色，因此可作为亮点元素使用。

No. 38

美妆店促销宣传单

以大号数字为设计主体时，可选用优雅的细体字，以给人带来高雅的视觉感受。纤细优雅的大号数字与斜线的契合度也很高。

大号数字

以大号数字为视觉主体，可给人带来强大震撼力。

1. 数字错位摆放，使版面呈现时髦感。

2. 数字以外的文字简短精练。

3. 文字统一采用细衬线字体，打造高雅女性风格。

现代风

版式：

配色：

C69 M61 Y58 K8
R97 G97 B97

C7 M5 Y5 K0
R240 G240 B240

字体：

2/8
Canto Pan / Light

SPRING
Trajan Pro 3 / Regular

1

现代风

2 3

1. 数字无规律地重复排列，展现趣味感。2. 将纤细数字的一部分置于图片后方，营造整体感。3. 裁切成数字形状的图片极具视觉感染力。

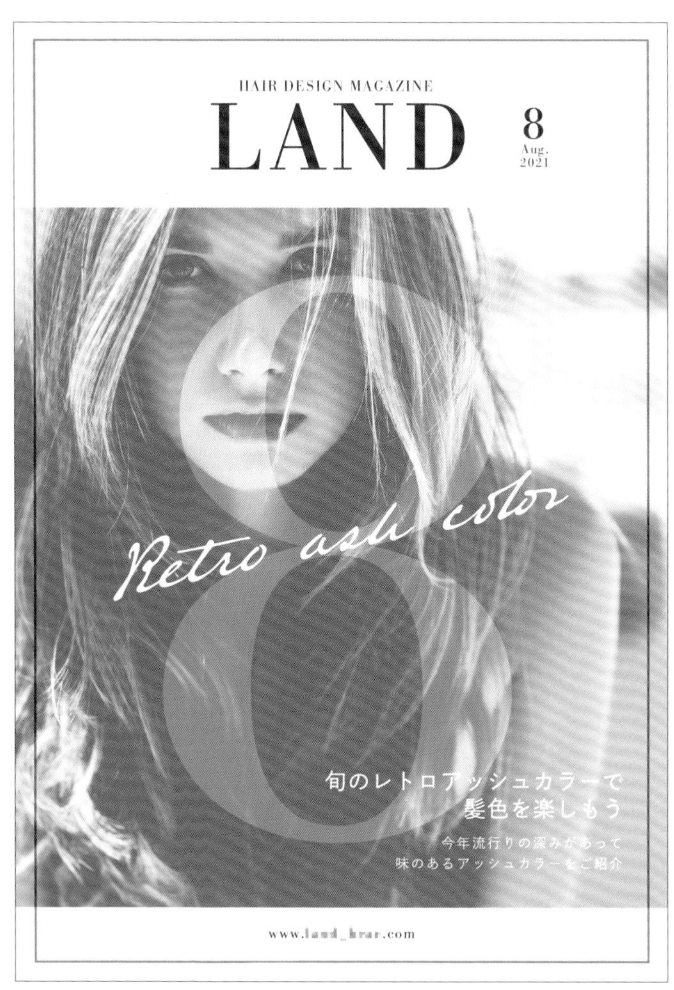

将半透明的大号数字叠加在图片上，不仅不会对图片产生干扰，还能自然吸引目光。

设计要点

在设计中，数字往往被视为辅助元素，如果大胆将它作为设计主体，用大字号营造视觉冲击力，可成功将其打造为视觉焦点。花式玩转数字，为观者带去不同的视觉体验。

No. 39

商场重装开业海报

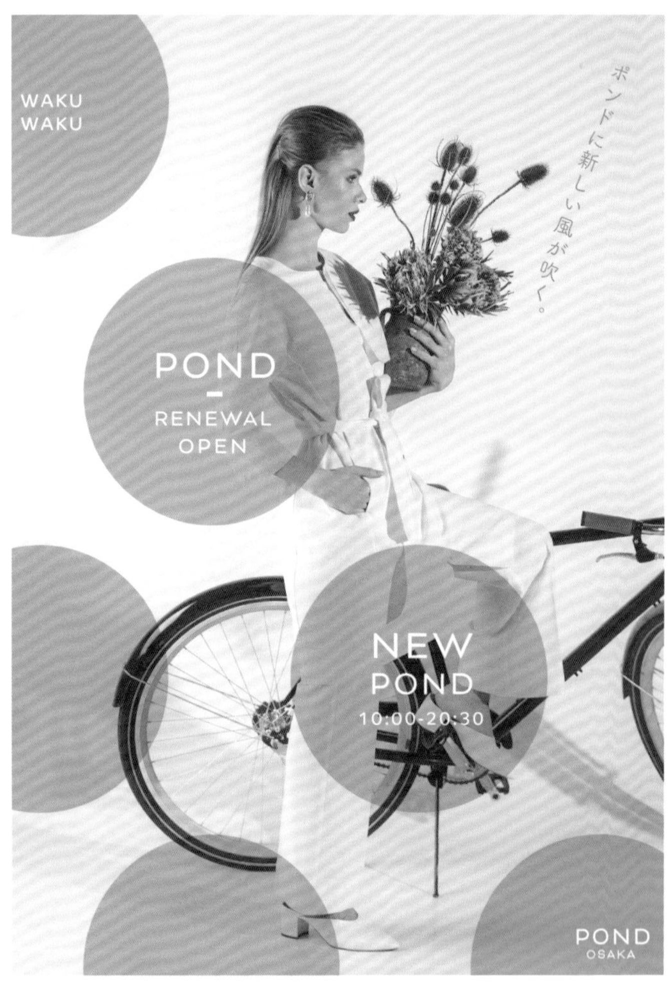

大胆运用圆形。将半透明的大圆叠加在图片上，营造摩登复古风。

圆形的运用

圆形的应用十分广泛。在视觉设计中加入圆形元素，能表现出现代时髦感。

1. 在留白处倾斜排版文案，赋予版面动感。

2. 文字统一采用圆润形无衬线字体，以搭配具有现代感的圆形图案。

3. 在图片上叠加半透明的大圆，营造视觉冲击力。

现代风

版式：

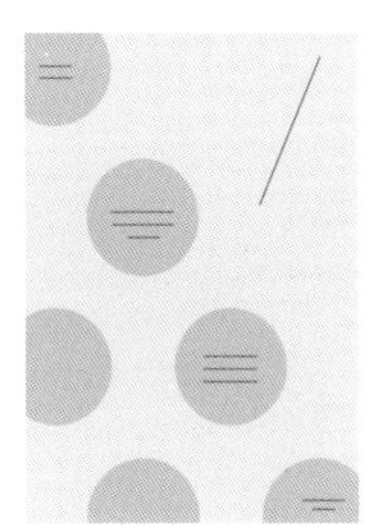

配色：

C36 M36 Y49 K0
R177 G161 B132

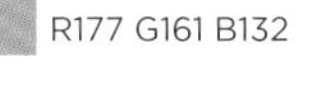

C13 M9 Y6 K0
R227 G229 B234

C49 M63 Y82 K33
R115 G80 B47

字体：

RENEWAL

Bicyclette / Regular

10:00

Co Text / Regular

现代风

1

2

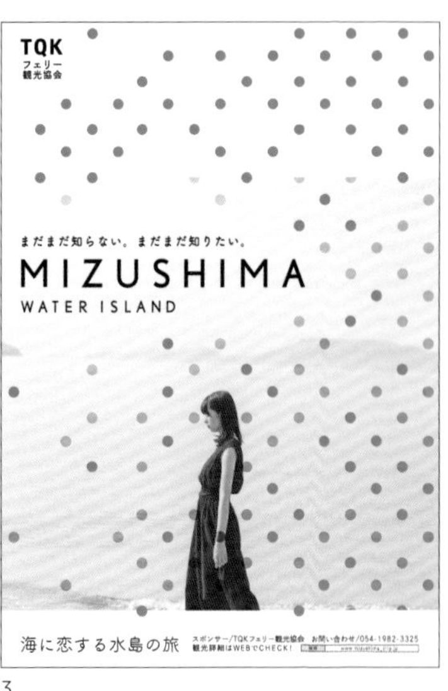

3

1. 运用圆形线框，打造设计亮点。2. 在铺满文字的版面上点缀大小不同的圆，加深视觉印象。3. 把小圆点添加到版面中，为版面带来灵动美感。

大圆具备足够的震撼力，可有效吸引视线。

设计要点

通过调整圆的尺寸、布局方式等，形成截然不同的风格。找到符合意图的表现手法，打造具有高雅魅力的版面。

No. 40

多人作品展宣传海报

2021

PAPER DESIGN EXHIBITION

PAPER DESIGN

SUKAMORI ART TOWER

PAPER DESIGN

OPEN 10:00 CLOSE 18:00
TICKET FREE
034-1897-4432

ARTIST

MORIUCHI DAIZO　MIMURA TAISEI
KITAMURA KUMI　MIKUNI SACHI
SAWANARI TOMOYA　TOMINAGA SERI
MURAKAMI ICHIKO

PAPER DESIGN

8.6 fri - 8.15 sun

对于由纯文字构成的简单版式，可通过调整文字大小或将文字分散布局到整个版面来获得良好的设计效果。

纯文字构图

只使用文字这一种元素构成简单版式，打造简约高雅的现代风格。

1. 只用一种颜色，就表现出了现代感。

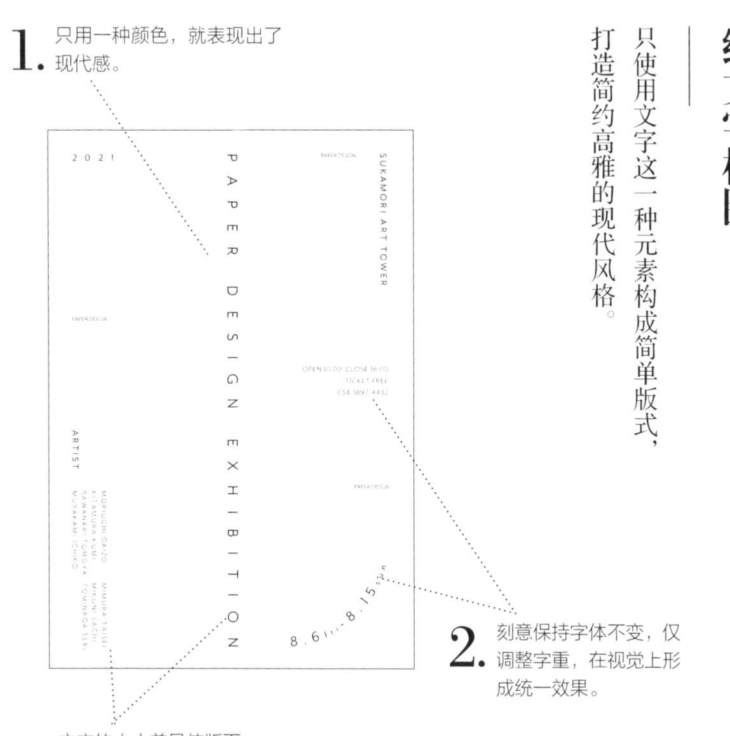

2. 刻意保持字体不变，仅调整字重，在视觉上形成统一效果。

3. 文字的大小差异使版面产生视觉韵律。

现代风

1

现代风

2

3

1. 只需加入手写风格文字作点缀，就能给人带来柔和的视觉印象。2. 将文字放大并分散布局于版面，增强视觉冲击力。3. 不同字体叠加的表现形式富有新意。

越えたら、ほら。

HARU WO

KOETARA HORA

春を

HARU WO

KOETARA

HORA

蜷川文庫

春を越えたら、

ほら。

HARUNO MASAKAZU

著　春乃 優和

文字与英文字母组合，构成有趣、动感的现代风格版式。

设计要点

纯文字排版也能玩出花样来，正因为简单，所以才有趣。只要设计得当，就能轻松制作出令人惊艳的视觉效果。

No. 41

烘焙点心专卖店宣传单

多图排版时，可先将图片处理成同种形状，然后将其整齐排列，这样可以营造出规整感。

现代风

网格排图法

将图片整齐地排列在网格中，打造干净规整的版面风格。

1. 相同尺寸的图片整齐均匀排列，版面显得整洁干净。

2. 文字统一采用细无衬线字体。

3. 留白较多，使观者的视线集中到图文信息上。

版式：

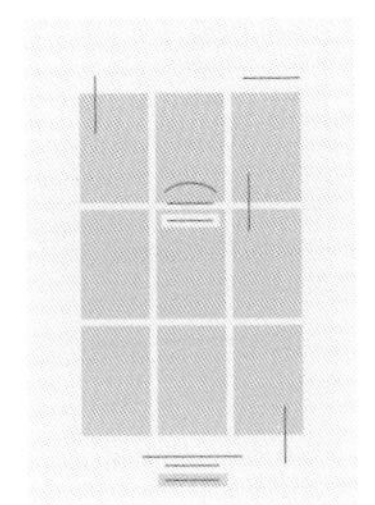

配色：

C5 M23 Y39 K0
R241 G206 B161

C75 M75 Y75 K50
R54 G46 B43

C20 M68 Y49 K0
R205 G109 B106

字体：

Pie & Tart

Josefin Sans / Light Italic

BAKERS

Alternate Gothic No3 D / Regular

失败案例

视觉焦点分散

1

2

3

4

1. 图片间距不一致，版面看起来不够美观。2. 图片间距过大，未形成网格形式。3. 图片排列过于散乱，导致视觉焦点分散。4. 粗线框具有压迫感，比文字更抢眼。

成功案例

排版整齐，版面美观

1

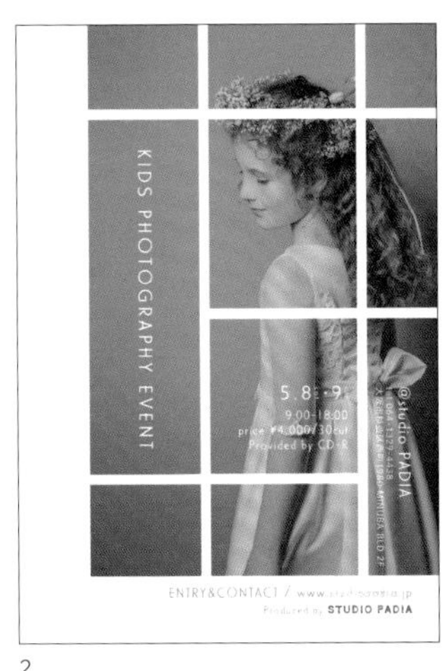

2

设计要点

网格排图法是进行多图排版时的最佳选择。当然，将一张图设计成网格图也不失为一种有趣的设计方法，能为版面带来视觉冲击力。

1. 不同尺寸的图片也可利用网格来整理，从而使版面更加整洁易读。2. 刻意用粗网格线对一张图片进行分割，制作出网格图效果，进而对文字内容进行整合。

No. 42

花店定期配送服务广告

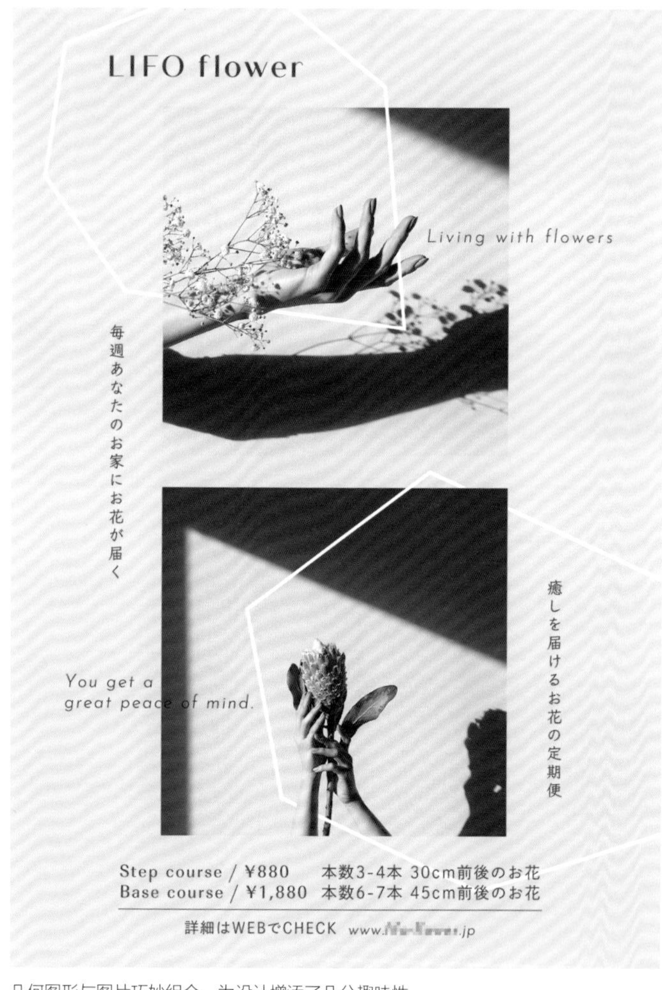

几何图形与图片巧妙组合，为设计增添了几分趣味性。

现代风

几何图形的运用

在图片中加入几何图形，版面更具现代感，也更吸引眼球。

现代风

1. 人物的手臂、手指与几何图形相互交织，增强了画面的整体性。

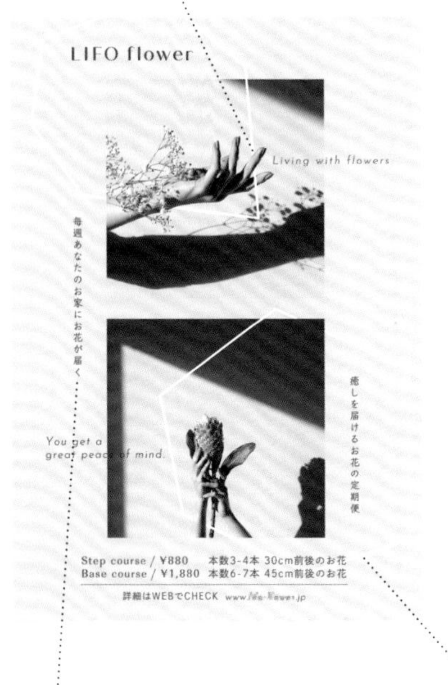

2. 部分文字采用钢笔字体，提升优雅度。

3. 以与图片色彩相协调的沉稳色调统一版面。

版式：

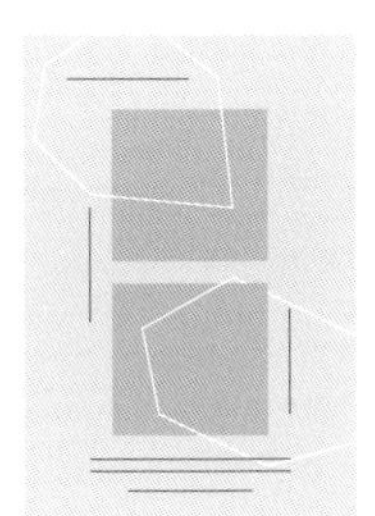

配色：

C14 M9 Y11 K0
R225 G227 B225

C14 M13 Y18 K0
R225 G220 B208

C78 M73 Y73 K44
R52 G53 B51

字体：

flower

Quiche Sans / Medium

お花が届く

FOT-クレーPro / DB

1

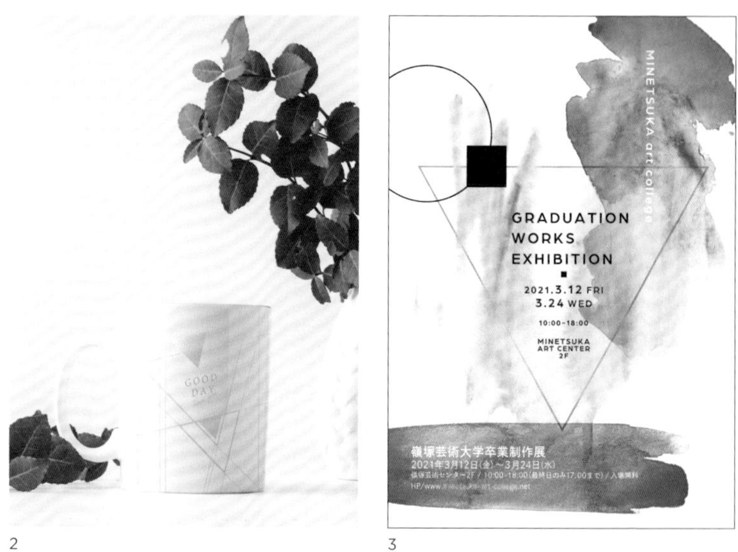

2

3

1. 直线搭配曲线。2. 几何图形搭配线条。3. 柔和的水彩肌理搭配刚性的几何图形。

半透明的几何图形与人物相互叠加，形成独特的设计风格。

设计要点

运用几何图形能设计出具有时尚高级感的版面。几何图形既可作为独立元素使用，也可组合起来作为图案使用，快来用几何图形大显身手吧。

专栏 07

色调是打动她的关键

图片色调是影响设计效果的重要因素。配色时要注意版面色调（基准色）与图片色调、色彩饱和度、色彩明度的和谐统一。不要因为色彩搭配不协调而使费尽心思设计好的基准色、字体、排版方式等毁于一旦。

原图

原图的色彩对比度强，色调偏蓝，表现不出柔美的女性风格，因此需要根据版面色调对其进行调整。
通过适当的色彩校正，原图分别呈现出冷、暖两种色调。

○成功

提高色彩明度，降低色彩饱和度，使图片与浅色基准色相协调。此外，还需调整图片的色彩平衡，图片ⓐ需减少青色（C），增加洋红色（M）；图片ⓑ需减少洋红色（M），增加黄色（Y）。

× 失败

ⓒⓓ两张图片均未能与基准色融为一体，画面缺乏统一感。图片ⓒ阴影太深，视觉表现力过强。图片ⓓ色调与基准色冲突，画面整体显得浮躁。

第8章

奢华风

No.43 — No.48

从素材、色彩或表现手法着手，
打造奢华优雅的设计风格。

No. 43

婚纱照套餐广告

Wedding photo plan
WEEKDAY ¥190,000
WEEKEND ¥250,000
PLAN DETAILS
ドレスレンタル
ドレス小物レンタル
タキシードレンタル
メンズ小物レンタル
ヘアメイク
フォトデータ100カット
CONTACT&ENTRY
LIEDY PHOTO STUDIO
TEL 054-1235-9987/E-MAIL info@liedyphoto.com

在黑白图片上点缀金色圆点，营造出高级感和华美感。

金色的运用

若想表现高级感，不妨试试用金色作点缀，打造优雅、个性的版面风格。

1. 借助金色的线条和圆点展现华丽优雅感。

2. 以黑白图片打底，衬托金色。

3. 衬线字体和宋体为版面带来高级感。

版式：

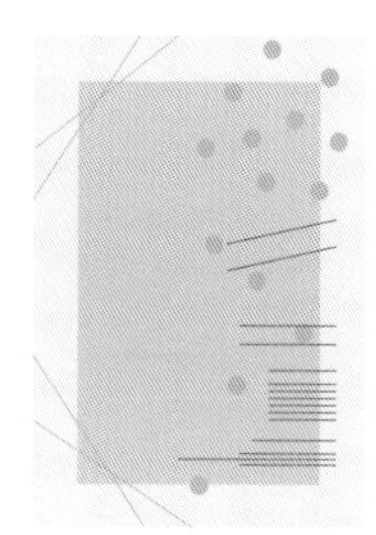

配色：

C0 M0 Y0 K29
R203 G203 B203

C33 M49 Y100 K0
R185 G137 B23

字体：

Wedding

Suave Script Pro / Regular

ドレスレンタル

DNP 秀英明朝 Pr6 / L

1

奢华风

2

3

1. 金色线条图案与金色瓶盖呼应。2. 用金色表现关键文字。3. 使用较多金色元素点缀画面。

在由纯文字构成的简单版面中加入金色元素，打造设计亮点。

奢华风

设计要点

以高端消费群体为受众进行设计时，推荐选择华丽优雅的金色作为点缀色。

No. 44

婚礼请柬

Welcome
to our
Wedding Reception
Taich&Saki
Special Day
JUNE - 12 - 2021
We request
your presence at our wedding
with love
Two become One

以浅色为色彩基调，将大理石肌理铺满背景，营造令人舒适的高级感。

大理石肌理

整体或局部使用大理石肌理，轻松打造高级感。

1. 将魅力十足的书法字体作为重点展示对象。

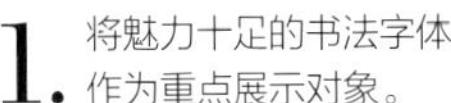

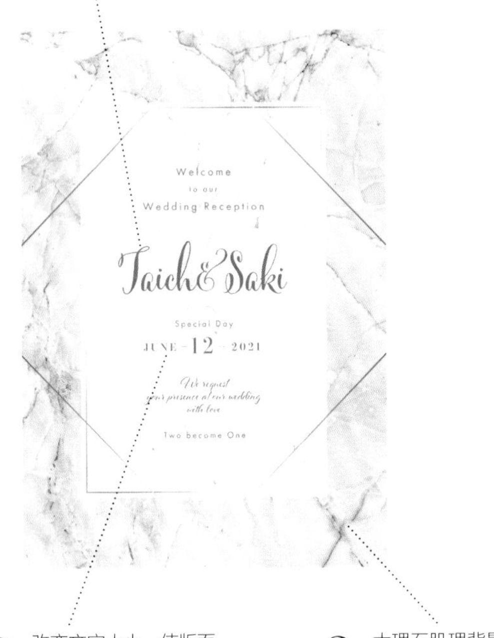

2. 改变文字大小，使版面张弛有度。

3. 大理石肌理背景尽显高级感。

版式：

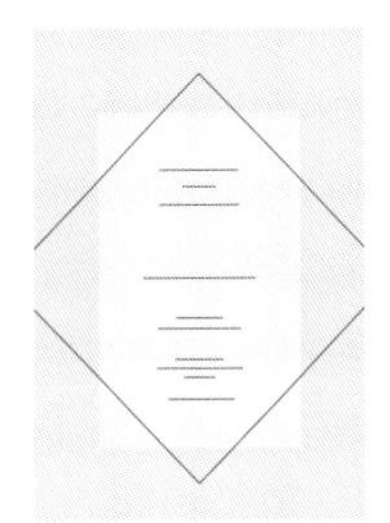

配色：

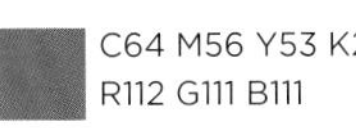

C64 M56 Y53 K2
R112 G111 B111

C32 M7 Y13 K0
R183 G214 B220

字体：

Cantoni Pro / Bold

Welcome

Futura PT / Book

1

2

1. 三种商品包装分别展现不同色调的大理石肌理。2. 用线条分区，在边角区域填充大理石肌理，形成边框。

大理石肌理具有很强的视觉表现力，即使在版面中局部使用，也能展现出十足的存在感，使版面更具优雅感与吸引力。

设计要点

大理石肌理是营造特殊氛围的理想素材之一，用它填充背景，版面立显奢华贵气。

No. 45

肥皂包装

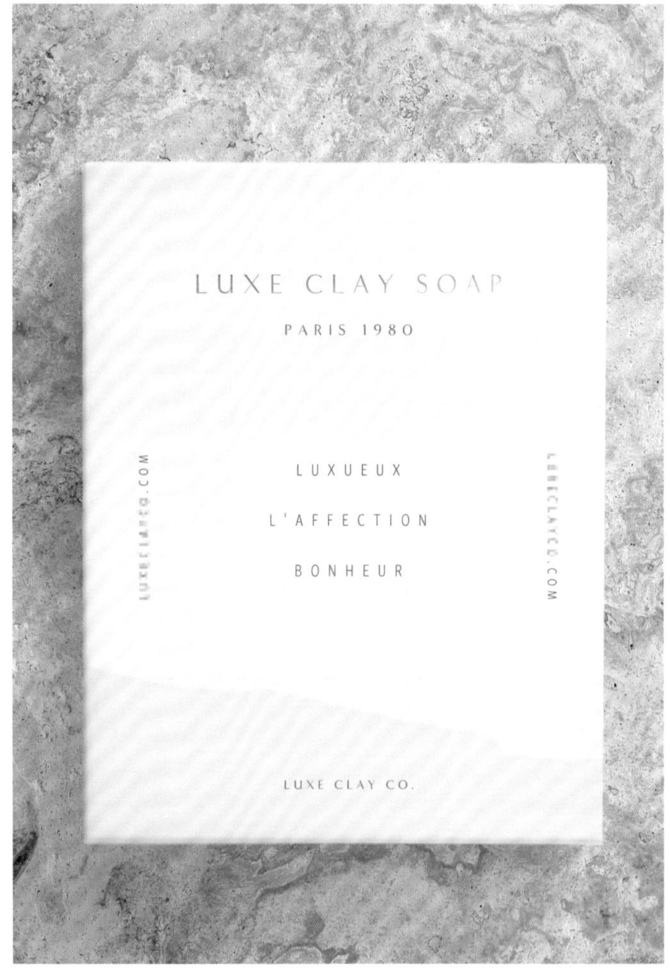

以文字为主要构图元素时，可通过扩大文字间距、增加留白的设计方式，营造出高级感。

留白×小字

若想表现优雅感，可以尝试采用缩小字号、多留白的设计方法营造成熟优雅氛围。

1. 为主标题添加烫印效果，并加大文字间距，以突出存在感。

2. 文字采用细无衬线字体，给人以优雅的视觉感受。

3. 文字分散布局，便于大面积留白。

版式：

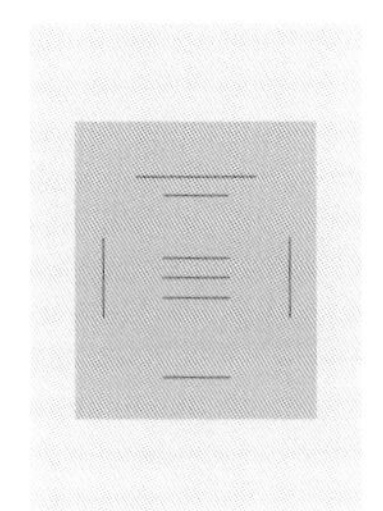

配色：

C67 M59 Y56 K6
R102 G103 B102

C15 M6 Y7 K0
R223 G232 B235

字体：

Minerva Modern / Regular

LUXUEUX

Skolar Sans Latin Compressed / Light

失败案例

受众偏离

1. 字体太粗，优雅感不足。2. 留白不足，版面不通透。3. 字体风格太柔和。4. 字体风格偏可爱。

成功案例

表现出成熟自信

1

2

设计要点

『高级』『优雅』是成熟风格设计的关键词。注意控制好留白、文字的间距和大小，这样才能设计出风格高雅的作品。

典型案例

1. 随性排列文字，营造温和舒缓的氛围。2. 用小号文字制作圆形边框，与中心元素组合成Logo。

No. 46

香水包装

包装上的黑色边线成为设计亮点。

黑色的运用

黑色用得好，就能为设计增色。黑色运用得恰到好处，能为版面带来良好的视觉效果。黑色可谓打造高级感不可或缺的一种颜色。

1. 将包装边线的颜色设计成黑色，提升包装的整体印象。

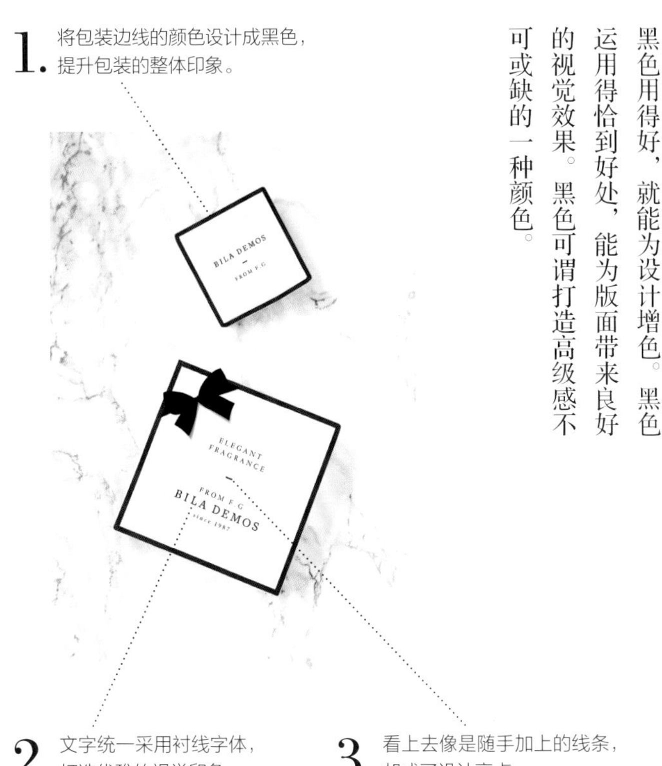

2. 文字统一采用衬线字体，打造优雅的视觉印象。

3. 看上去像是随手加上的线条，却成了设计亮点。

版式：

配色：

C0 M0 Y0 K100
R0 G0 B0

C7 M6 Y4 K0
R240 G239 B242

字体：

BILA
FreightText Pro / Book

FROM F.G
GaramondFBDisplay / Regular

1

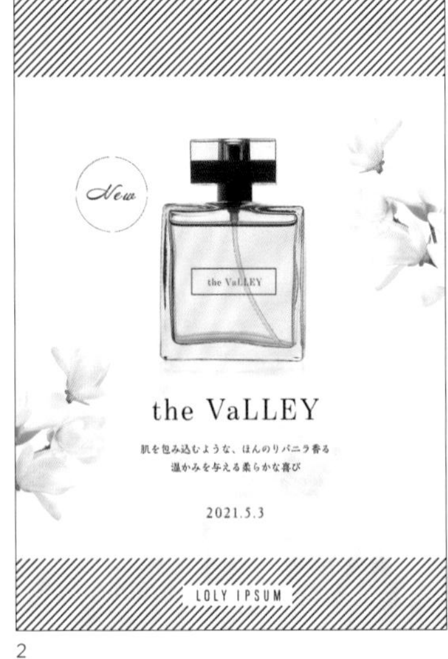

2

3

1. 将一部分水彩肌理的颜色设计成黑色。2. 运用黑色条纹。3. 黑白写真尽显独特魅力。

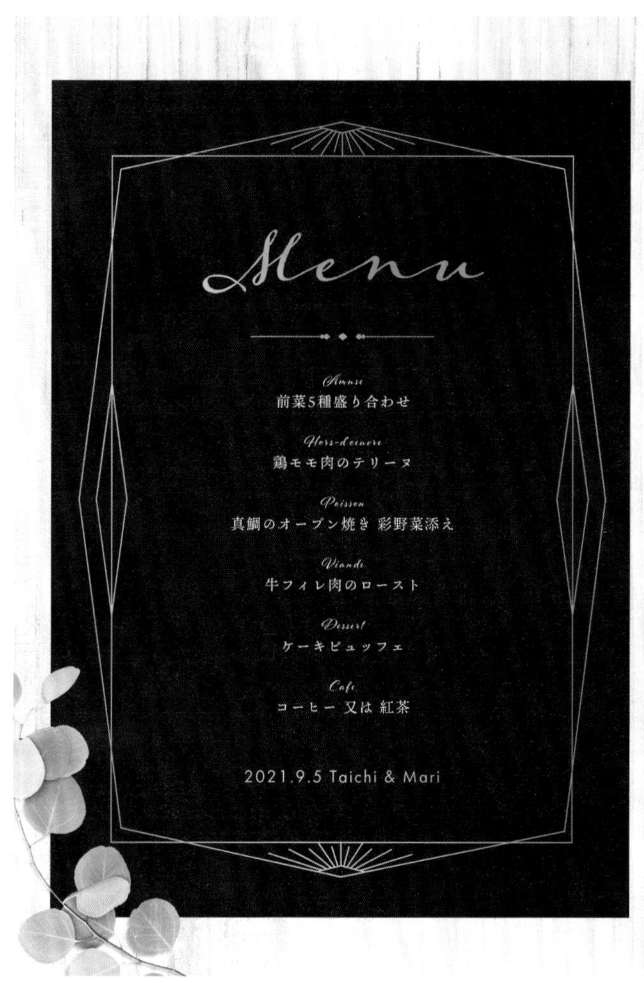

黑 × 金是彰显奢华的经典配色。两者搭配时最好以黑色为底，用金色作点缀。

设计要点

黑色给人以沉重感，但如果使用得当，就能轻松打造优雅成熟的格调。它与不同颜色搭配能带来不同的表现效果。

No. 47

家居杂志封面

LIFESTYLE & INTERIOR
MAGAZINE

HIGH-LI

TOPIC

ワンランク上の上質なキッチン

生活感のない空間へ

JUNE 6 *2021*

细线不仅不会破坏整体设计的优雅感，还有利于打造视觉焦点。

细线条的运用

巧妙利用细线整理版面，表现优雅美感。

1. 在标题下方设置一条细线，达到吸引视线的效果。

2. 只有文案采用了手写字体，起到强调作用。

3. 小号斜体字也足够吸引眼球。

版式：

配色：

C10 M7 Y5 K0
R234 G235 B239

C72 M66 Y64 K22
R81 G79 B78

C67 M73 Y75 K41
R77 G57 B49

字体：

HIGH
Kumlien Pro / Regular

How to
Mina / Regular

失败案例

线条为设计减分

1 2

3 4

1. 线条过粗。2. 线条过长。3. 线条离主标题太近。4. 线条离主标题太远，离副标题太近，显得不协调。

成功案例

线条成为设计亮点

1

2

典型案例

设计要点

线条能为版面增色，可提升文字内容的阅读流畅度。若想打造高级感，记得使用细线条。

1. 线条起到引导视线的作用。2. 斜线成为设计亮点。

No. 48

婚鞋海报

JEMIN LOND
BRIDAL
SHOES
New
Collection
// BRILLIANT //
特別な靴で過ごす
一生忘れられない特別な日を
www.

在裁切图上摆放线框，视线自然会集中到线框内部，从而提升信息传达效率。

线框的运用

在设计中加入线框元素，精致版面诠释优雅格调。

1. 在图片上添加线框，营造高级感。

2. 文字居中排版，吸引视线。

3. 添加线框后，视线自然集中到婚鞋上。

版式：

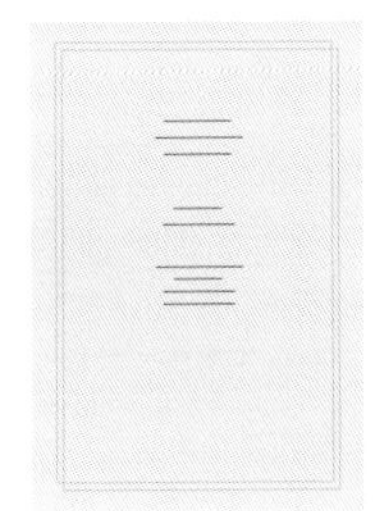

配色：

C11 M23 Y24 K0
R230 G204 B189

C67 M73 Y75 K41
R77 G57 B49

字体：

BRIDAL

Orpheus Pro / Regular

Collection

Poynter Oldstyle Display / Roman

1

2 3

1. 将部分文字放进线框之中。2. 在花纹背景上摆放填充了底色的线框图形。3. 线框与插画巧妙组合。

线框与文字组合使用，为优雅设计增添趣味性。

设计要点

线框具有吸引视线的作用，不仅可以用来营造氛围，还能提高信息传达效率。推荐使用细线框来打造优雅的视觉效果。

专栏 **08**

模糊突显美感

现如今，智能手机的美图应用程序也能轻松为图片添加模糊效果。

模糊的设计手法多种多样，我们可根据设计目的灵活选择。例如，通过虚化背景来强调主体，模糊全图以营造梦幻氛围（参阅第155页）等。

需要注意的是，模糊度会在很大程度上影响画面呈现的视觉效果，所以本书仅在此为大家介绍适用于表现成熟优雅设计风格的模糊应用技巧。

模糊前

模糊后

对白色背景进行轻度模糊处理（此处图层不透明度设为90%），虽然文字清晰可读，但画面的整体对比度太强，底图也看不太清，整个画面缺乏时尚感。

>>>

先对底图进行轻度模糊处理，再将白色背景虚化到勉强能让人看清文字的程度（图层不透明度设为70%）。这样不仅很好地控制了画面的整体对比度，还加强了设计氛围。

浓重的阴影虽然能够突出商品，但也会让高级感受损。阴影的浓度、范围可以间接影响版面的视觉效果，所以需要合理设计。

>>>

自然柔和的阴影才符合高品位的设计风格。它表现出的悬浮视觉效果能为作品带来脱俗感。不妨根据设计需求来尝试一番吧。

第9章

大胆风

No.49 — No.53

运用大胆的表现手法，打造惊艳的视觉效果。

No. 49

新款眼影海报

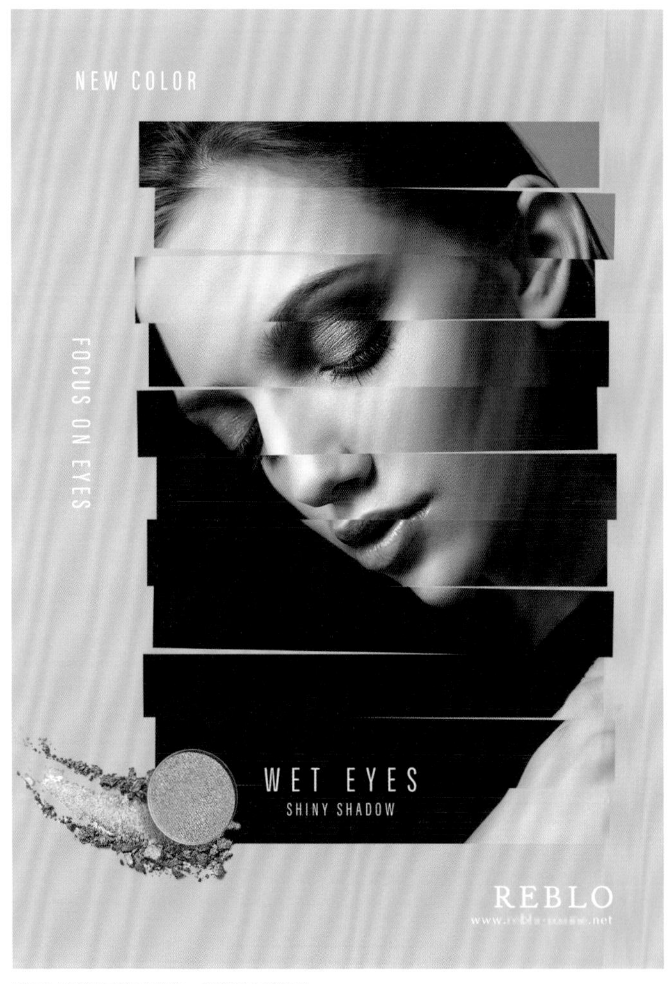

将图片切割后错位摆放，吸引观者眼球。

图片错位

将一张图片切割后错位摆放，使版面变得更有动感，更富张力。

1. 切割图片，错位摆放。

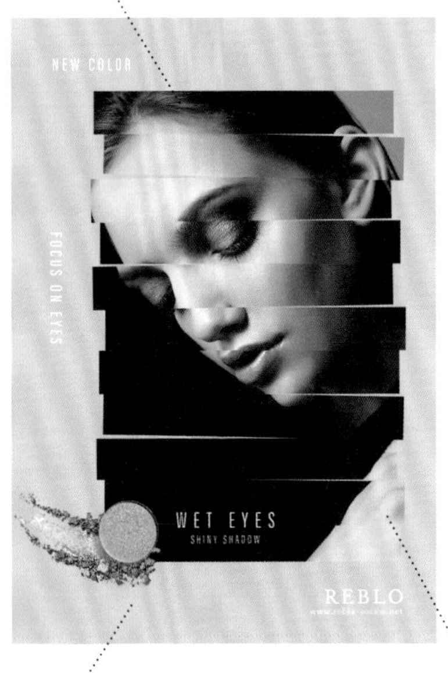

2. 多留白，突出图文。

3. 对切割图的摆放角度及位置进行细微调整，使画面不会产生太大的跳跃感。

版式：

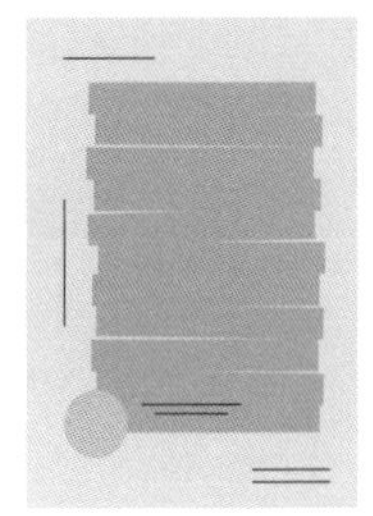

配色：

C22 M51 Y16 K0
R203 G144 B169

C22 M24 Y19 K0
R207 G195 B195

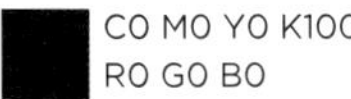
C0 M0 Y0 K100
R0 G0 B0

字体：

EYES
Titular / Regular

REBLO
P22 Stickley Pro / Text

1

2

3

4

大胆风

1. 将主图放大并作为背景使用，使画面产生错位感。2. 剪切图片并将剪切部分替换成特写图。3. 局部错位。4. 截取方形局部图并将其斜向平移，营造错位感。

截取局部并将其错位摆放，画面就产生了气势和动感。

设计要点

将图片切割后错位摆放是一种讲究技巧的设计手法。只要选好错位形式，就能制作出兼具优雅感和趣味性的版面。

No. 50

服装品牌宣传册封面

将文字“贴”到图片中的物体上，并根据透视原理对文字进行变形处理，增强画面的透视感。

随图配文

贴合图片中物体的结构摆放文字，赋予版面动感和透视感，达到吸引眼球的目的。

1. 沿着柱子的延伸方向摆放变形文字，增强空间纵深感。

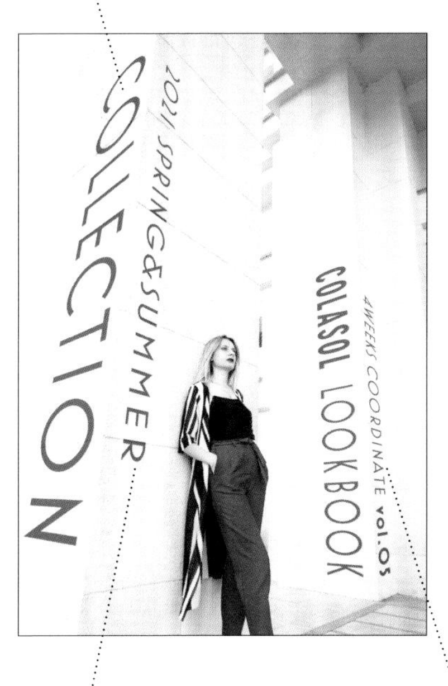

2. 细无衬线字体在放大后仍能保持纤细美感。

3. 根据近大远小的透视规律调整文字大小，使其充分融入图片。

大胆风

版式：

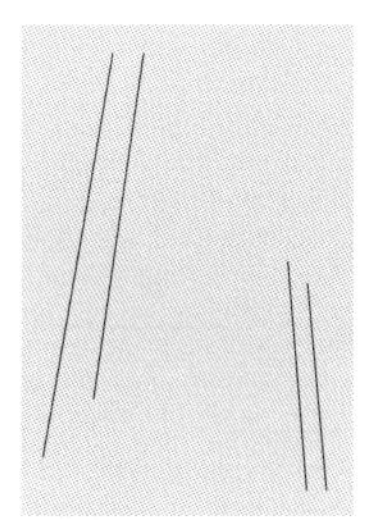

配色：

C10 M5 Y5 K0
R233 G237 B239

C78 M67 Y4 K0
R74 G89 B162

C71 M53 Y40 K5
R88 G110 B129

字体：

COLLECTION
Mostra Nuova / Regular

COLASOL
Neuzeit Grotesk ExtCond / Black

失败案例

背景和文字不搭

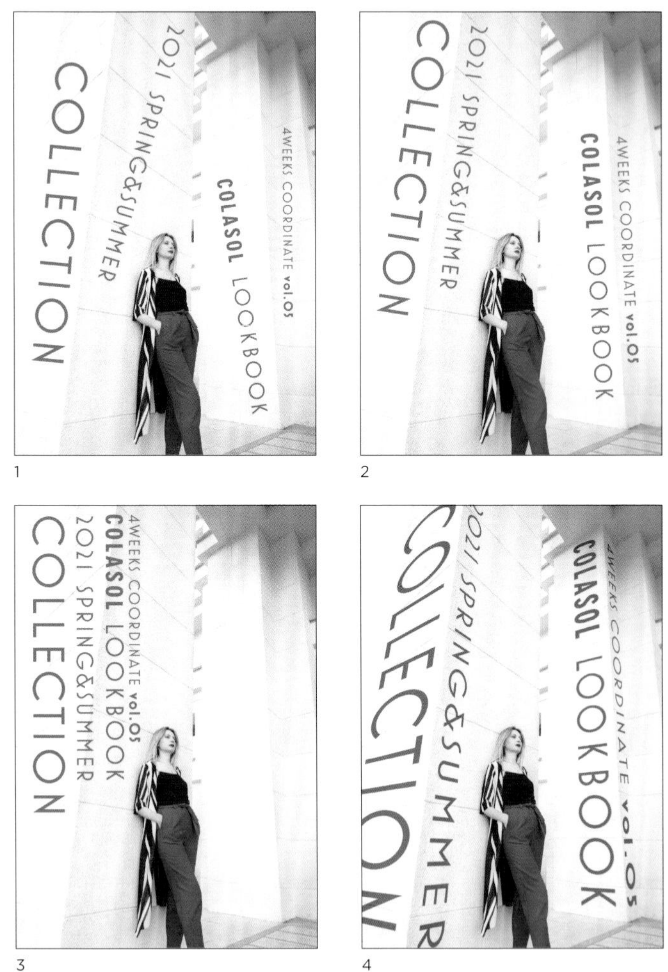

1. 文字的排列角度各不相同。2. 只将文字倾斜摆放，未根据透视原理对其进行变形处理，文字未能很好地融入版面。3. 单纯罗列文字，版面看起来死板无趣。4. 文字太大，影响阅读。

成功案例

文字与视觉主体融为一体

1

2

典型案例

设计要点

文字经过变形，与视觉主体融为一体，能给人留下深刻印象。

1. 将部分文字巧妙地摆放到图片中的窗格里，使文字与图片融为一体。2. 在线框中排列文字，增强可读性。

No. 51

护肤品海报

遮住画面中给人印象最深刻的人物眼睛，使美丽的肌肤和商品更受关注。

大胆风

局部遮挡法

通过遮挡画面中人物身体的一部分来营造视觉冲击力，激发观者的兴趣。

1. 用色块遮住图片的一部分，并在色块中摆放重要文字。

2. 遮住最令人印象深刻的眼睛，使肌肤和商品受到更多关注。

3. 文字集中分布在两处，形成简单易读的布局。

版式：

配色：

C11 M7 Y8 K0
R232 G233 B233

C9 M14 Y16 K0
R235 G222 B212

C65 M41 Y76 K0
R107 G132 B86

字体：

ORGINAR
Acumin Pro Wide / Medium Italic

LUNIA
Baskerville Display PT / Bold Italic

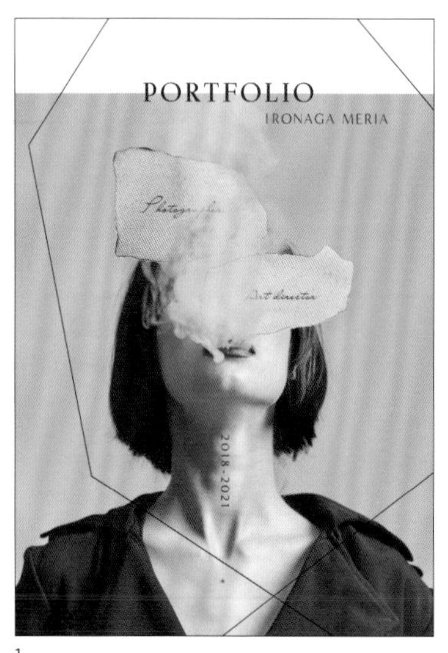

1

2

香りの花が降りそそぐ

Perfect Fragrance

LOVAALL

VUIS

3

4

大胆风

1. 使用肌理元素遮挡人物面部。2. 使用色块遮住人物的上半身。3. 在人物面部中庭叠加半透明图形。4. 用手绘色块遮住人物眼睛。

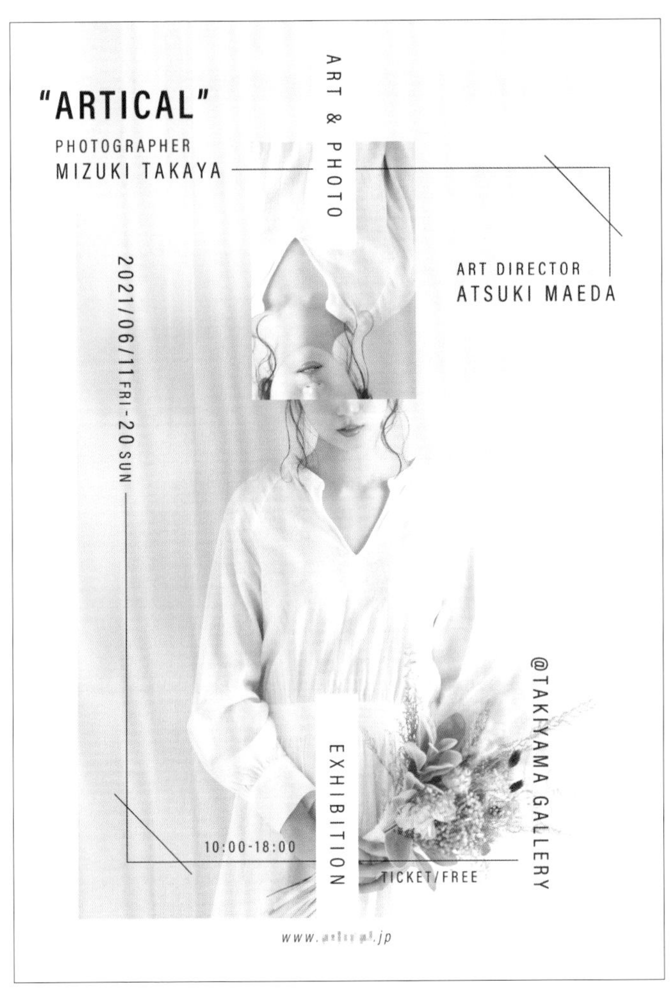

通过叠加图片的方式添加遮挡。

设计要点

遮挡方式不止一种。设计时，既可以用图片来遮挡，也可以用肌理元素来遮挡。注意要用与画面整体风格相协调的元素来遮挡，这样才能让设计更显独特。

No. 52

时尚杂志的版面

COLLECTION 2

Brown Et Beige

落ち着きの中に
ゆったりとした甘さを

シンプルなブラウンやベージュのニットは冬には欠かせないマストアイテム。使い込むほどに愛着が生まれるニットは、落ち着いた色こそ形や素材でゆったりとした甘さをプラス。品の良さも漂わせつつ大人の余裕も感じさせる、そんな一着に出合おう。

164

版面的三分之二被角版图占据，想要传达的信息一目了然。

三分之二构图法

通过裁剪，保留三分之二的视觉主体，形成强烈的视觉效果。

1. 用纤细的手写字体表现文案，展现成熟脱俗感。

2. 文字统一采用简约漂亮的黑体。

3. 版面的三分之二用来摆放角版图，使图片给人留下深刻印象。

版式：

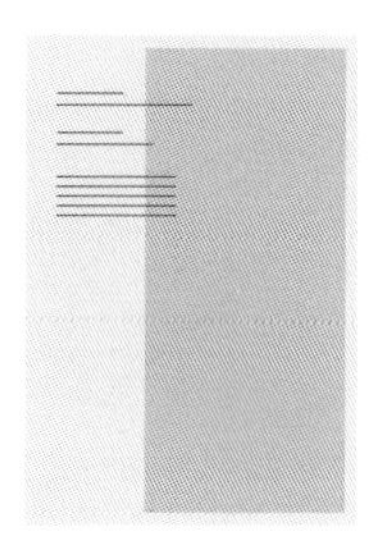

配色：

C13 M10 Y10 K0
R227 G226 B225

C35 M37 Y45 K0
R179 G161 B138

C49 M65 Y84 K13
R138 G94 B57

字体：

Brown

MrLeopold Pro / Regular

落ち着きの

DNP 秀英角ゴシック银 Std / M

1

大胆风

2

3

1. 以1：2的比例斜切图片。2. 版面从上至下三分之二的区域用来摆放角版图。3. 将占据版面三分之二的图片居中排版。

版面三分之一的区域被图片占据，剩余三分之二的区域用来摆放文字内容，提升视觉冲击力，形成可读性强的版面。

设计要点

将版面的三分之二留给视觉主体或干脆留白，可以提升版面的视觉冲击力，给人留下深刻印象。设计时，先考虑好想要强调的内容，再用这个画面比例来设计排版。

No. 53

咖啡店重装的宣传海报

刻意将居中排版的文字摆放在图片的边上，使画面产生紧张感，从而提升观者对画面的关注度。

图片边上叠加文字

在角版图的边上叠加文字，可提升观者对文字的关注度。

1. 将居中排版的主标题叠加在图片的顶边上，提升关注度。

2. 文字均采用无衬线字体，给人以轻松高雅的印象。

3. 其他文字也居中排版，达到强调主标题的目的。

版式：

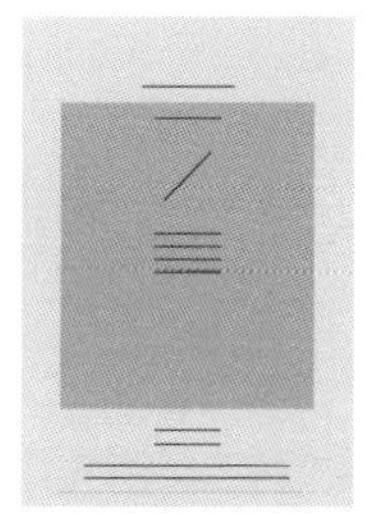

配色：

C13 M7 Y7 K0
R227 G232 B234

C76 M61 Y52 K6
R77 G96 B106

C8 M22 Y42 K0
R237 G206 B156

字体：

RENEWAL
Poiret One / Regular

Morning
Objektiv Mk1 / Light

大胆风

1

FOR A DOG LOVER
UCHIKEN
10
愛する家族のためにできること。愛犬家のための生活総合誌
いつまでもずっと元気で！
愛犬にできる30の健康習慣法
今知りたい！犬の気持ち
犬の行動に隠された犬の本音徹底解明！

2

3

1. 在角版图的左右两条边上摆放文字。2. 大部分文字集中排在图片的一侧。3. 文字摆放在图片的四条边上并围成一圈。

RECOMMEND ITEM/Vol.03
WHITE SHIRT
×
BROWN HAT
Intellectual
+Casual
知的さとラフさ。
どっちも欲しい。
かっちりとした清潔感あるシャツはどんなスタイルにもマッチする万能選手。そこにナチュラル素材のハットを加えて品良くカジュアルダウン。
白ロングシャツ 23,000円+税/カトレンズロジャー ナチュラルハット 15,000円+税/スタイネイラル
RONDU 041

在两张图片的边上分别摆放大号文字，增加文字排版的跳跃性。

设计要点

排版时，别再将图片和文字分开了，大胆把文字摆放在图片的边上，版面会更有韵味，给人留下深刻印象。